Das zeitgemäße Arbeitszeugnis

Impressum

Bibliographische Information Der Deutschen Bibliothek:
Die Deutsche Bibliothek verzeichnet diese Publikation in der Deutschen Na-
tionalbibliographie; detaillierte bibliographische Daten sind im Internet über
http://dnb.ddb.de abrufbar.

© 2009, 4. überarbeitete Auflage
BW Bildung und Wissen
Verlag und Software GmbH
Südwestpark 82
90449 Nürnberg

Tel. 0911 / 9676-300
Fax 0911 / 9676-189
E-Mail: serviceteam@bwverlag.de
http://www.bwverlag.de

Umschlaggestaltung: Karin Lang, Nürnberg
Layout und Satz: Rolf Wolle, Fürth
Druck: Druckhaus Oberpfalz, Amberg

ISBN 978-3-8214-7681-0

Karl-Heinz List

Das zeitgemäße Arbeitszeugnis

Ein Handbuch für Zeugnisaussteller

Bildung und Wissen Verlag
www.bwverlag.de

Inhaltsverzeichnis

Vorwort: Warum sich etwas ändern sollte

Bei den Arbeitszeugnissen sind wir noch nicht im 21. Jahrhundert angekommen. Wer heute als Zeugnisaussteller eine aussagekräftige Beurteilung über die Leistung eines Mitarbeiters abgibt, muss sich von alten Gewohnheiten trennen. „Im Management kommt es nur auf die Resultate an", schreibt der Hochschullehrer und Managementtrainer Fredmund Malik in seinem Buch *Führen, Leisten, Leben*. Es geht um die Frage: Worin besteht der Beitrag des Mitarbeiters zum Unternehmensganzen? Oder einfacher ausgedrückt: Warum steht der Mitarbeiter auf der Gehaltsliste?

Auch im Arbeitszeugnis geht es um Antworten auf diese Fragen, um die Beschreibung der positiven Arbeitsergebnisse und den Nutzen für das Unternehmen. Was ist gemeint?

Fragen wir eine Lohnbuchhalterin: Was machen Sie in unserer Firma? „Ich sorge dafür, dass die Leute pünktlich am Monatsende ihren Lohn auf dem Konto haben." Oder einen Einkäufer: Was ist Ihre Aufgabe? „Ich kaufe so günstig wie möglich Rohstoffe in bester Qualität ein, damit sich die Einstandspreise günstig auf die Kalkulation der Verkaufspreise auswirken und damit die Absatzchancen steigen."

Ein ergebnisorientiert formuliertes Arbeitszeugnis liefert unentbehrliche Informationen für die Personalauswahl. Was aber tun die meisten Zeugnisaussteller? Sie schreiben die Arbeitszeugnisse wie vor hundert Jahren. Sie verwenden die Formulierungen des Zeugniscodes („ ... hat zu unserer vollsten Zufriedenheit gearbeitet.") und vergeben Schulnoten nicht nur für die Arbeitsleistung, sondern auch für das Sozialverhalten:

„Sein Verhalten gegenüber Vorgesetzten, Kollegen, Mitarbeitern und Kunden war stets vorbildlich."

„Vorbildlich" bedeutet die Note 1, wobei niemand weiß, was das denn so genau bedeutet, sich vorbildlich zu verhalten. Warum sollte ich für meinen Kollegen ein Vorbild sein? Das sind Formulierungen, die auf ein stark hierarchisch geprägtes Menschenbild hinweisen. Selbstbewusste Mitarbeiter heute sind Individualisten und wollen kein Vorbild sein, sondern sie selbst.

Die holprige Formulierung „Seine Führung gab uns zu Beanstandungen keinen Anlass" soll heißen: Note 4.

Wer gibt einem Arbeitgeber eigentlich das Recht, das Sozialverhalten von einem moralischen Standpunkt aus zu bewerten? Das Verhalten mit Schulnoten zu bewerten ist ein Relikt aus dem vorigen Jahrhundert. Man hält diese Formulierungen für eine eigenständige Zeugnissprache. Es ist höchste Zeit, sie auf den Müll zu werfen. Es gibt auch keine rechtlichen Schranken. Das Bundesarbeitsgericht hat schon immer den Zeugnisausstellern Formulierungsfreiheit zugestanden. Diese Freiheit sollten die Arbeitgeber endlich nutzen. Wir brauchen keine Schulnoten. Ein gutes Arbeitszeugnis sollte man ohne Mühe aus dem Zusammenhang erkennen können, nämlich an den dargestellten Arbeitsergebnissen.

Zeitgemäße Arbeitszeugnisse sind das Ergebnis eines Soll-Ist-Vergleichs. Die Anforderungen werden den tatsächlichen Fähigkeiten und Leistungen gegenübergestellt. Von einem Lagerarbeiter erwartet niemand Kreativität; von einem Werbeleiter jedoch schon. Von einem Buchhalter verlangt man kein Verkaufstalent. Und bei einer Blumenbinderin muss das Zahlenverständnis nicht so ausgeprägt sein wie bei einem Revisor. Unterschiedliche Jobs erfordern unterschiedliche Fähigkeiten. Ein Verkäufer im Außendienst braucht mehr Enthusiasmus als Vorsicht und mehr emotionale Stabilität als etwa ein Qualitätsmanager oder Controller. Ein Unternehmer muss risikofreudiger sein als eine Führungskraft im mittleren Management.

Wer Zeugnisse ausstellt, hat zwei Probleme zu lösen: Zunächst ist da das Sprach- und das Beurteilungsproblem. Mit Sprache richtig umzugehen und jemanden zu beurteilen, ist auch sonst nicht einfach. Das ist wohl auch der Grund, warum Zeugnisaussteller hartnäckig an den Formulierungen des Zeugniscodes festhalten. Das erfordert weniger Schweiß.

Wer Personal auswählt und viele Zeugnisse lesen muss, wundert sich darüber, wie verschwenderisch Arbeitgeber mit ihrer Zeit umgehen, um die Leistung in Arbeitszeugnissen zu beschreiben:

„Sie stellte kontinuierlich und in für uns beeindruckender Art und Weise ihre Fähigkeit unter Beweis, mit sehr großem, den Rahmen ihrer Aushilfstätigkeit im positiven Sinne weit übersteigenden Verantwortungsbewusstsein zu arbeiten." Wie bescheiden kommt dagegen der Satz daher, der diesen Sachverhalt im Kurzsatzstil beschreibt: „Sie arbeitet selbstständig und eigenverantwortlich."

Arbeitszeugnisse sollten sich auf die Stärken des Mitarbeiters konzentrieren und darauf, wie er sie zum Nutzen der Firma einsetzen konnte. Seine Schwächen interessieren hier nicht. Entscheidend sind die positiven Arbeitsergebnisse, die man konkret im Zeugnis darstellen sollte. Das Zeugnis sollte außerdem leicht lesbar sein. Zeugnisaussteller sollten deshalb Bandwurmsätze vermeiden, sie hemmen den Lesefluss. Sie sollten kurze, klare und anschauliche Sätze formulieren. Das ist zeitsparend und deshalb ökonomisch. Was die Beurteilung der Leistung angeht, sollte eine Struktur erkennbar sein. Die Beurteilungskriterien müssen als roter Faden sichtbar werden. Eine übersichtliche Gliederung und eine Aufgabenbeschreibung in Stichworten erleichtern das Lesen.

In Deutschland und in der Schweiz besteht die gesetzliche Pflicht, ein Arbeitszeugnis auszustellen. Es gibt aber auch die Verpflichtung des Arbeitgebers, ein Arbeitszeugnis so zu formulieren, dass es der Leistung des Mitarbeiters gerecht wird und gleichzeitig einem Dritten (zum Beispiel einem Personalleiter) Informationen über die Qualifikation und Leistung liefert.

Ich möchte Sie mit diesem Buch dazu anregen, sich auf etwas Neues einzulassen, nämlich Arbeitszeugnisse ergebnisorientiert in einer nicht codierten Sprache zu schreiben.

Karl-Heinz List

Was sind zeitgemäße Arbeitszeugnisse?

Wie alles anfing

Im Königreich Preußen wurden mit Edikt von 1807 die Erbuntertänigkeit und der Zwangsgesindedienst abgeschafft. Seitdem beruhte das Verhältnis von Dienstpersonal und Herrschaft auf dem freien Arbeitsvertrag. Jetzt war das Verhältnis zwischen Arbeitgebern und abhängig Beschäftigten in der Gesindeordnung geregelt. Auch andere deutsche Staaten folgten dem Beispiel Preußens, manche erst Jahrzehnte später.

Arbeitszeugnisse gab es bereits beim Zwangsgesindedienst: Mit der Reichspolizeiordnung von 1530 wurden „Atteste für ordnungsgemäßes Ausscheiden" eingeführt. Kein Dienstherr durfte einen Knecht in sein Haus nehmen, wenn er kein Zeugnis vorweisen konnte, in dem stand, dass er auf ehrliche Weise und mit Zustimmung des letzten Dienstherrn gegangen war. Herrschaften, die Dienstboten ohne Zeugnis beschäftigten oder ein solches verweigerten, drohten Geldstrafen.

1846 wurde in Preußen das „Gesindedienstbuch" eingeführt:

▸ „Bei Entlassung des Gesindes ist von der Dienstherrschaft ein vollständiges Zeugnis über die Führung und das Benehmen in das Gesindebuch einzutragen."

Das Gesindedienstbuch musste vor Dienstantritt bei der örtlichen Polizei vorgelegt werden. Wer von seiner Herrschaft ein schlechtes Zeugnis bekommen hatte, konnte nach zwei Jahren ein neues Gesindedienstbuch bei der Polizei beantragen, wenn er nachweisen konnte, dass er sich in den letzten zwei Jahren tadellos geführt hatte. Als Tugenden galten: Fleiß, Treue, Gehorsam, sittliches Betragen, Ehrlichkeit.

Manche Herrschaften bescheinigten ihren Hausmädchen auch deshalb keine schlechte Leistungen, weil sie ihnen die berufliche Zukunft nicht verbauen wollten. Andere stellten Dienstboten nur auf Empfehlung ein, weil sie den Aussagen in den Zeugnissen nicht trauten. Dienstboten wohnten bei den Herrschaften und durften das Haus nur mit Genehmigung der Herrschaft verlassen. Zum Gottesdienst musste man sie gehen lassen, darauf hatten sie einen Anspruch. Schäden, auch fahrlässig verursachte, mussten die Dienstboten aus eigener Tasche ersetzen. Wer ohne „gesetzmäßige Ursache" den Dienst verließ, konnte mit Polizeigewalt zur Fortsetzung gezwungen werden. In der Gesindeordnung waren Strafen vorgesehen: Abmahnung, Verweis, Ausgehverbot, körperliche Züchtigung, Entlassung.

Die Gesindeordnung in Preußen war auch am 1. Januar 1900 noch gültig, als das Bürgerliche Gesetzbuch in Kraft trat. Von nun an hatten alle abhängig Beschäftigten, ob Fabrikarbeiter, Verkäuferinnen oder Dienstmägde, einen Rechtsanspruch auf ein Arbeitszeugnis. Sie hatten deshalb die Möglichkeit, das Zeugnis einzuklagen. Faktisch änderte sich jedoch bis 1918, dem Beginn der Weimarer Republik, so gut wie nichts.

Im Gesindebuch eines Hausmädchens vor dem Ersten Weltkrieg lesen wir:

▸   „Durch ihre Leistungen und Führung hat sie meine vollste Zufriedenheit erworben."

Im Archiv des Museums für Arbeit in Hamburg findet man Arbeitszeugnisse, die bereits Formulierungen enthalten, wie sie auch noch heute in ähnlicher Form verwendet werden:

Zeugnis Arbeiter Maschinenbauanstalt, 1872:

▸ „... und hat sich während dieser Zeit als gewandter, fleißiger und anständiger Arbeiter erwiesen, was ich demselben hierdurch gerne bescheinige. Er hat bis heute zu meiner vollkommenen Zufriedenheit gearbeitet."

Zeugnis Expedientin, 1914-1918:

▸ „... und die ihr übertragenen Arbeiten stets zu unserer Zufriedenheit erledigt. Treu, fleißig und ehrlich ist sie gewesen."

Zeugnis Musterkleberin, 1920-1923:

▸ „Fräulein X war ordentlich und fleißig und hat die ihr übertragenen Arbeiten zu unserer vollsten Zufriedenheit ausgeführt."

Auch heute werden bei den meisten Arbeitszeugnissen immer noch die Formulierungen des Zeugniscodes verwendet. Die Rede ist von den zusammenfassenden Leistungsbeurteilungen, den „Zufriedenheitsfloskeln". Bei einer sehr guten Leistung schreibt man: „Sie hat stets zu unserer vollsten Zufriedenheit gearbeitet."

Als in den sechziger Jahren ein Gewerkschaftssekretär die „verschlüsselten Formulierungen" veröffentlichte, sprach man noch von einem „Geheimcode" der Personalchefs. Inzwischen gibt es viele Bücher, in denen man die „Entschlüsselung" nachlesen kann.

Die Arbeitgeberverbände werden verdächtigt, diesen Code erfunden zu haben. Nachweisen lässt sich das nicht. Es spricht auch einiges dafür, dass sich diese Zufriedenheitsfloskeln im Laufe der Zeit eingebürgert haben. Ältere Zeugnisse stützen diese Annahme.

Passen solche Beurteilungen noch in die heutige Zeit? Steht nicht in den Unternehmensleitbildern, man wolle offen und ehrlich miteinander umgehen? Die verdeckte Sprache des Zeugniscodes hat sich überlebt.

Die Beurteilung der Leistung

Wer das Verhalten und die Leistung von Mitarbeitern beurteilt, sollte wissen, dass eine objektive und allgemeingültige Aussage nicht möglich ist. Eine Beurteilung kann nur subjektiv sein und schließt eine Fehleinschätzung nicht aus, weil Menschen eben Fehler machen und Schwächen unterliegen. Gefühle spielen dabei eine wichtige Rolle. Sympathie und Antipathie beeinflussen unser Urteil: Aussehen, Stimme, Sprechweise, Kleidung, Haartracht. Sympathische Menschen – das haben Wissenschaftler herausgefunden – werden als intelligenter, erfolgreicher und glücklicher wahrgenommen. Wir finden Menschen sympathisch, so die Forscher, die uns ähnlich sind. Wenn man einen anderen Menschen wahrnimmt, nimmt man gleichzeitig sich selbst wahr. Das Urteil über einen anderen Menschen kann deshalb mehr über den Beurteiler als über den Beurteilten aussagen.

Warum Gefühle eine Rolle spielen

Zur Arbeitsleistung, die beurteilt wird, gehört auch das Arbeitsverhalten, die Einstellung dazu, die Kommunikation und Kooperation mit Kunden, Vorgesetzten, Kollegen und Mitarbeitern. Das hat selbstverständlich etwas mit unseren Gefühlen zu tun:

- Kann sich der Mitarbeiter im Außendienst schnell auf Kundenwünsche einstellen?
- Hat der Chef im Umgang mit seinen Mitarbeitern seine Gefühle unter Kontrolle? Ist er beherrscht und diszipliniert?
- Kann der Vorgesetzte bei einem Kündigungsgespräch mit seiner eigenen Angst und mit den negativen Gefühlen der Mitarbeiter umgehen?

Das Arbeitsverhalten gehört zur Arbeitsleistung und muss deshalb auch im Arbeitszeugnis beschrieben werden.

Empathie und emotionale Intelligenz

Der amerikanische Psychologe Daniel Goleman behauptet, dass der Intelligenz-Quotient (IQ) höchstens 20 Prozent, die emotionale Intelligenz dagegen 80 Prozent des Lebenserfolgs ausmache. Erfolg hänge nicht nur von der Begabung ab, sondern auch von der Fähigkeit, eine Niederlage zu ertragen. Menschen mit Selbstvertrauen würden schnell wieder auf die Beine kommen. Goleman hält Empathie für eine Führungseigenschaft: Der Vorgesetzte hat die Gefühle der Mitarbeiter zu respektieren und sie in den Prozess intelligenter Entscheidungsfindung einzubauen. Teams glichen oft einem Hexenkessel voller versteckter Emotionen, so Goleman. Wer ein Team führen will, muss dafür sorgen, dass alle Beteiligten an einem Strang ziehen, was bei zwei Menschen schon schwierig sein kann. Ein Manager, der sich nicht empathisch verhält und kein Mitgefühl ausdrücken kann, hat meist auch andere zwischenmenschliche Fähigkeiten nicht entwickelt und wird – so Goleman – über kurz oder lang scheitern.

Die Thesen/Forderungen Golemans im Überblick:

1. Die eigenen Emotionen kennen, seine eigenen Gefühle laufend beobachten, um sich besser zu verstehen.

2. Mit den eigenen Gefühlen so umgehen, dass sie angemessen sind. Wer eine hohe emotionale Intelligenz besitzt, erholt sich schnell von seinen Rückschlägen.

3. Emotionen in den Dienst eines Ziels stellen, emotionale Selbstbeherrschung zeigen. Belohnungen aufschieben und die Impulsivität unterdrücken, ist die Grundlage jeder Art von Erfolg.

4. Empathie ist die Fähigkeit, sich auf andere einzustellen. Die Unfähigkeit, Gefühle anderer wahrzunehmen, ist ein großer Mangel an emotionaler Intelligenz.

5. Umgang mit Beziehungen: Die Kunst der Beziehung besteht zum großen Teil darin, mit den Emotionen anderer umzugehen.

Führungsleistung beurteilen

Um die Führungsleistung im Arbeitszeugnis zu beschreiben, brauchen wir ein Bild davon, was wir heute unter Führung verstehen und von einer Führungskraft erwarten. Früher konzentrierte man sich auf den Führungsstil. Heute weiß man, dass der Führungsstil nicht wichtig ist. Wichtiger ist vielmehr, dass die Führungskraft soziale Fähigkeiten besitzt, zwischenmenschliche Beziehungen aufbauen kann, glaubwürdig ist und Vertrauen schaffen kann.

Der amerikanische Management-Berater Peter Drucker unterscheidet zwischen Effizienz und Effektivität und ordnet den Begriffen unterschiedliche Bedeutungen zu. Die beiden Begriffe werden in der Alltagssprache synonym verwendet für „wirksam". „Effizienz" (lat. efficio = hervorbringen, schaffen, zustandebringen, bewirken) ist nach Drucker die Fähigkeit, die Dinge richtig zu tun. Für Handarbeit brauchen wir Effizienz. Der Handwerker, so Drucker, kann nur nach seiner Leistung gemessen werden, nach Qualität und Quantität. „Effektivität" dagegen bezieht sich auf die geistige Arbeit. Eine effektive Leistung ist eine nutzbare Leistung. Sie kann nur dann einen Nutzeffekt haben, wenn sie sich mit den wichtigen Dingen befasst.

Die Aufgabe einer Führungskraft ist es, effektiv zu sein, also die wichtigen Dinge zu tun. Manager planen, organisieren, integrieren, geben Impulse. Wirksame Manager unterscheiden sich in Temperament und Fähigkeiten in dem Maße, wie andere Menschen sich auch unterscheiden. Aber gemeinsam ist ihnen die Fähigkeit, die richtigen Dinge zu tun:

- Effektiv arbeitende Führungskräfte wissen, wo ihre Zeit bleibt. Sie arbeiten systematisch und setzen ihre Zeit so wirtschaftlich wie möglich ein.

- Sie konzentrieren sich auf einen Beitrag nach außen. Sie richten ihre Anstrengungen mehr auf die Ergebnisse als auf die Tätigkeit an sich. Sie stellen sich die Frage: Welche Resultate werden von mir erwartet?

■ Sie stützen sich auf die positiven Kräfte, auf ihre eigenen, die ihrer Vorgesetzten und Mitarbeiter und auf die positiven Seiten der Situation – das heißt, auf das, was man daraus machen kann.

■ Sie konzentrieren sich auf die wenigen wichtigen Gebiete, auf denen Leistungen ungewöhnliche Ergebnisse bringen können. Sie setzen Prioritäten und halten sich daran. Sie wissen, dass ihnen nur die Wahl bleibt, erstrangige Dinge zu tun und zweitrangige überhaupt nicht.

■ Effektive Führungskräfte treffen effektive Entscheidungen. Sie wissen, dass man das System braucht, um die richtigen Schritte in der richtigen Reihenfolge zu machen. Sie wissen, dass eine wirkungsvolle Entscheidung immer ein Urteil auf der Basis gegensätzlicher Meinungen ist und nicht auf einer Übereinstimmung der Tatsachen beruhen kann.

(Peter Drucker, Die ideale Führungskraft, München 1995)

Bewertung nach Schulnoten

Die Beurteilung der Leistung nach dem Zeugniscode ist eine Bewertung nach Schulnoten, von sehr gut bis ungenügend. Das kommt unserem Bedürfnis nach Klarheit und Eindeutigkeit sehr entgegen. Da schlechte Noten in Arbeitszeugnissen äußerst selten sind und die Bewertungen in der Regel zwischen sehr gut und befriedigend schwanken, haben solche Zeugnisse nur eine geringe Aussagekraft. Hinzu kommt, dass die weniger guten Noten auch ein Angriff sind auf das Selbstwertgefühl des Mitarbeiters und auf Widerspruch stoßen. Schulnoten eignen sich nicht, eine Arbeitsleistung differenziert und angemessen zu beurteilen. In Arbeitszeugnissen werden auch keine Schwächen beurteilt. Wenn Mitarbeiter ihren Job gut gemacht haben, heißt das, ihre Aufgaben haben ihren Fähigkeiten entsprochen und sie haben positive Arbeitsergebnisse erzielt. Nichts anderes sollte in zeitgemäßen Arbeitszeugnissen zum Ausdruck gebracht werden.

Stärken- und ergebnisorientierte Formulierungen

Firmen und Organisationen wollen bei der Suche nach qualifizierten Mitarbeitern wissen, ob der künftige Mitarbeiter bereits erfolgreich gearbeitet hat und ihnen bei der Lösung ihrer Probleme helfen kann. Dabei kann eine handlungsorientierte Einstellung und eine optimistische Grundhaltung nützlich sein. Doch Vorsicht: Auch Pessimisten können erfolgreich sein.

Im Arbeitszeugnis geht es *nicht* um die Frage, ob der Mitarbeiter mit seiner Arbeit und seinem Arbeitgeber zufrieden war. Ein Zeugnisleser und künftiger Arbeitgeber will wissen, welchen Nutzen der Mitarbeiter einem Unternehmen gebracht hat. Peter Drucker schreibt in seinen Büchern, dass es im Management auf die Resultate ankomme, auf den Output und darauf, wie das Unternehmen die Stärken des Mitarbeiters genutzt hat. Diese Erkenntnis lässt sich auf alle Mitarbeiter übertragen. Ein Zeugnisaussteller sollte sich auf folgende Fragen konzentrieren:

- Welche Stärken/Fähigkeiten konnte der Mitarbeiter nutzbringend einsetzen?
- Welche Ergebnisse/Erfolge hat er mit seiner Arbeit erzielt?
- Was war sein Beitrag zum Ganzen?

Oft ist es leicht, aus der Beschreibung des Arbeitsergebnisses die dazu passende Stärke oder Fähigkeit herzuleiten:

▶ „Er hat gute Ideen, aus denen er Konzepte entwickelt und in die Praxis umsetzt."

Aus diesem Satz lässt sich Kreativität, konzeptionelles Denken, Durchsetzungsfähigkeit und langer Atem ableiten.

Man kann die Stärke, die Fähigkeit auch direkt im Arbeitszeugnis benennen:

▶ „Seine Vorträge und Präsentationen kommen gut an. Er formuliert klar und präzise und kann andere überzeugen. Er ist rhetorisch begabt."

Weitere Beispiele:

▶ Besprechungen leitet er souverän. Er kann strukturieren und verliert das Gesprächsziel nicht aus den Augen.

▶ Als Projektleiter zeigt er Führungsqualitäten. Es gelingt ihm, alle Projektmitarbeiter auf die Ziele einzuschwören und zur aktiven Mitarbeit zu bewegen.

▶ Sie hat mit ihrem Organisationstalent den Umzug der Firma geplant und reibungslos über die Bühne gebracht.

▶ Sie hat Tagungen und Workshops organisiert und dafür gesorgt, dass nichts fehlt, sich alle wohl fühlen und alles glatt lief.

▶ Er hat zusammen mit dem Außendienst ein Konzept entwickelt und realisiert, um die Kundenreklamationen deutlich zu senken.

▶ Mit viel Einfühlungsvermögen und Überzeugungskraft ist es ihm gelungen, die Widerstände gegen die Einführung eines neuen EDV-gestützten Informationssystems abzubauen, Vertrauen zurückzugewinnen und Zuversicht zu verbreiten.

▶ Mit großem Einsatz und seinem verkäuferischen Geschick konnte er vor allem im letzten Jahr neue Kunden gewinnen und den Umsatz um x Prozent steigern.

▶ Sie hat ein neues Pflegekonzept eingeführt, die Kosten gesenkt und die Dokumentation verbessert.

▶ Er hat die Durchlaufzeiten für Kreditanträge verkürzt.

Auch bei einfachen Tätigkeiten ist es möglich, Stärken und Arbeitsergebnisse im Zeugnis darzustellen:

▶ Er hat den Ausschuss reduziert und auf ein akzeptables Maß gebracht.

▶ Sie ist sehr geschickt mit den Händen und macht kaum Fehler.

▶ Er hat gute Einfälle und reicht regelmäßig Verbesserungsvorschläge ein, die auch honoriert werden.

Stichwort: Arbeitsmarktfähigkeit

1999 haben Personalmanager die Initiative „Wege zur Selbst-GmbH e.V." gegründet. Inzwischen haben sich etwa 300 Personalverantwortliche aus hundert Großfirmen der Initiative angeschlossen. Der Name dieses Netzwerks beschreibt nach der Selbstdarstellung *(www. selbst-gmbh.de)* „ein anzustrebendes Selbstverständnis von Erwerbsfähigen, bei dem sich der Einzelne als eigenverantwortlicher Akteur und Anbieter der eigenen Kompetenzen versteht". Der Begriff „GmbH" als „Gesellschaft mit beiderseitiger Haftung" soll nicht nur die Eigenverantwortung des Einzelnen berücksichtigen, sondern auch auf die Verpflichtung der Unternehmen, den „nötigen ordnenden und schützenden Rahmen zu bieten", hinweisen.

Das Ziel ist die Förderung der Selbstverantwortung und der Employability, das heißt, die unternehmensbezogene und arbeitsmarktbezogene Beschäftigungsfähigkeit von Arbeitnehmern. Sie sollen zu Unternehmern in eigener Sache werden, die die Verantwortung für ihre berufliche Entwicklung selbst übernehmen. Die Aufgabe der Unternehmen ist dabei, die Rahmenbedingungen dafür zu schaffen. Das Unternehmen profitiert von der Qualifikation des Mitarbeiters, was aber gleichzeitig heißt, dass sich die Chancen des Mitarbeiters auf dem Arbeitsmarkt erhöhen. Das Unternehmen, das viel Geld in die Weiterbildung des Mitarbeiters investiert, kann zum Karriere-Sprungbrett für den Mitarbeiter werden.

Die Initiative „Wege zur Selbst-GmbH e.V." hat zehn Kompetenzen definiert, die neben der fachlichen Qualifikation für die Arbeitsmarktfähigkeit entscheidend sind:

- Kundenorientierung
- Eigeninitiative
- Veränderungsbereitschaft
- Fähigkeit zur Zusammenarbeit
- Verantwortungsbereitschaft

- Leistungsorientierung
- Planung und Arbeitsorganisation
- Moderations- und Präsentationstechniken
- Beherrschen von marktgängigen IT-Anwendungen
- Englische Sprachkenntnisse

Aus diesen Anforderungen lassen sich Essentials ableiten, die Arbeitgeber für ihr Unternehmen definieren und die auch in Arbeitszeugnissen (Soll-Ist-Vergleich) eine Rolle spielen.

Das Arbeitszeugnis aus der Sicht des Bewerbers

In wirtschaftlich schlechten Zeiten wächst die Bedeutung von Arbeitszeugnissen für die Arbeitnehmer. Die Konkurrenz ist bekanntlich groß. Wer sehr gute Arbeitszeugnisse hat, besitzt die besseren Chancen im Wettbewerb um die knappen Arbeitsplätze. Das Etappenziel beim Abschicken einer schriftlichen Bewerbung mit Arbeitszeugnissen kann nur eine Einladung zu einem Vorstellungsgespräch sein. Ein gutes oder sehr gutes Zeugnis ist dabei recht nützlich, vor allem auch dann, wenn es um Positionen mit Aufstiegschancen und besserer Bezahlung geht.

Es entspricht dem Gebot der Fairness und der Gerechtigkeit, tüchtigen Mitarbeitern bessere Zeugnisse auszustellen als den weniger tüchtigen. Wenn jeder ausscheidende Mitarbeiter ein gutes Zeugnis erhält, wird das Zeugnis wertlos. Ein Mitarbeiter, der das Unternehmen verlässt, hat Anspruch auf ein individuell formuliertes, aussagekräftiges Zeugnis, das nicht nur eine Beurteilung der Leistung, sondern auch Informationen über berufliche Erfahrung, über Kenntnisse und Fähigkeiten enthält. Dies kann aber nur erreicht werden, wenn sich die gegenwärtige Praxis verändert und die Beurteilung der Leistung nicht auf die Zufriedenheitsfloskeln des Zeugniscodes beschränkt bleibt.

Arbeitszeugnisse analysieren und interpretieren

Informationen für die Personalauswahl

Es ist keine Seltenheit, dass Firmen auf Stellenanzeigen hin hundert und mehr Bewerbungen erhalten. Wer mit Personalauswahl betraut ist, kennt die Situation. Die Vorauswahl anhand der Unterlagen ist besonders schwierig. Wen soll ich einladen, wenn nur sechs bis acht Bewerber für ein Vorstellungsgespräch in Frage kommen?

Die Kunst der Vorauswahl besteht bekanntlich darin, die Informationen der schriftlichen Bewerbung, insbesondere die der Arbeitszeugnisse mit dem Anforderungsprofil zu vergleichen, also einen Soll-Ist-Vergleich anhand der Unterlagen vorzunehmen. Die acht Bewerber mit den niedrigsten Korrelationswerten erhalten eine Einladung.

Die entscheidende Frage dabei ist: Was ist ein gutes Arbeitszeugnis? Wer häufig Zeugnisse liest, dem fällt Folgendes auf:

- Nicht wenige Zeugnisse sind in sich widersprüchlich. Wenn auch die Gesamtbeurteilung gut ausfällt („stets zu unserer vollen Zufriedenheit"), fehlen oft entscheidende Dinge, wie etwa der Hinweis auf die Empathie bei Erziehern oder auf das selbstständige Arbeiten einer Stationsschwester. Bei Führungskräften fehlt häufig die Beurteilung des Führungsverhaltens. Es ist nicht immer eindeutig zu erkennen, ob das Weglassen absichtlich oder aus Nachlässigkeit erfolgte.

- Es gilt nach wie vor als seriös, langjährigen Mitarbeitern ausführliche Zeugnisse zu schreiben. Oft sind es drei oder vier Seiten. Einem Vielleser geht die epische Breite schnell auf die Nerven: Wo steht das Wesentliche? Die Zeugnisaussteller sollten sich auf zwei Seiten beschränken.

■ Der Wortschatz der Zeugnisschreiber ist ganz offensichtlich begrenzt. Es tauchen immer wieder die gleichen Formulierungen, Floskeln und Redewendungen auf. Vielen Zeugnissen merkt man an, dass es für den Zeugnisaussteller eine lästige Pflicht gewesen sein muss, derer er sich ganz schnell entledigt hat.

Bei der Analyse eines Arbeitszeugnisses geht es um folgende Fragen:

1. Ist die Aufgabenbeschreibung vollständig? Fehlen zum Beispiel Angaben über die Anzahl der Mitarbeiter?

2. Enthält das Zeugnis „verdeckte Beurteilungen"?

3. Werden Selbstverständlichkeiten erwähnt?

4. Sind Fehler im Zeugnis (Schreib- oder Grammatikfehler)?

5. Ist das Zeugnis vollständig? Fehlen Aussagen zu Leistung, Sozialverhalten oder zur Führungsleistung?

6. Fehlen beim Abschlusssatz der Dank oder die Zukunftswünsche?

7. Wie wird die Leistung und das Verhalten insgesamt beurteilt? Geschieht dies per Zeugniscode oder mit einer offenen Formulierung?

Zeugniscode und verdeckte Beurteilungen

Die meisten Arbeitszeugnisse, das haben empirische Untersuchungen ergeben, enthalten eine „Endbeurteilung" der Leistung. Viele Arbeitgeber verwenden dazu bestimmte Redewendungen und Floskeln, die man zusammenfassend als „Zeugniscode" bezeichnet. Es handelt sich um Formulierungen, die sich an den Schulnoten orientieren, aber sehr viel positiver klingen:

Er hat die ihm übertragenen Aufgaben stets = sehr gut
zu unserer vollsten Zufriedenheit …

… stets zu unserer vollen Zufriedenheit … = gut

… zu unserer vollen Zufriedenheit … = befriedigend

… zu unserer Zufriedenheit erledigt. = ausreichend

Er hat sich bemüht, den Anforderungen = mangelhaft
gerecht zu werden.

Es haben sich inzwischen auch andere Standardformulierungen
eingebürgert, die zumindest professionellen Zeugnisausstellern
bekannt sind:

Er hat unseren Erwartungen in jeder Hin-
sicht und in besonderer Weise entsprochen.
Oder:
Ihre Leistungen haben unsere besondere = sehr gut
Anerkennung gefunden.

Mit den Arbeitsergebnissen waren wir stets = gut
vollauf zufrieden.

Er hat unseren Erwartungen voll entsprochen. = befriedigend

Er hat unseren Erwartungen entsprochen. = ausreichend

Sie hat im Großen und Ganzen = mangelhaft
unsere Erwartungen erfüllt.

Zu den verdeckten Beurteilungen gehört auch das „Weglassen" bezie-
hungsweise das „beredte Schweigen". Das ist der Fall, wenn typische,
berufsspezifische Dinge fehlen, bei denen ein Zeugnisleser erwartet, dass sie erwähnt werden, zum Beispiel bei einer Kassiererin die

Ehrlichkeit, bei einem Einkaufsleiter das Verhandlungsgeschick oder die Selbstständigkeit bei einer Sekretärin. Oder man schweigt über Dinge, die ins Zeugnis gehören, wie etwa die Führungsleistung.

Ob ein Zeugnis wahr und wohlwollend ist, können wir als Zeugnisleser nicht immer wissen. Aber wir können prüfen, ob die sonstigen Anforderungen erfüllt sind, die an ein Zeugnis gestellt werden müssen, und ob das Zeugnis vollständig oder individuell formuliert ist.

Es hat sich in der Praxis eingebürgert, negative Beurteilungen so zu formulieren, dass sie positiv klingen, insbesondere bei nicht ausreichenden Leistungen:

▸ Sie zeigte Verständnis für ihre Arbeit.

▸ Er erledigte alle Aufgaben mit großem Fleiß und Interesse.

▸ Er hat sich im Rahmen seiner Fähigkeiten eingesetzt.

Der Sprachwissenschaftler Gunther Presch von der Universität Hamburg spricht von „verdeckten Beurteilungen" und „taktischem Sprachgebrauch". Das gelte auch für das Weglassen. Der Grund sei, so Presch, dass die Unternehmen den Konflikt mit dem Mitarbeiter scheuen.

Es sind Formulierungen üblich, die falsche, positive Eindrücke erwecken und deshalb abzulehnen sind:

Zeugnisformulierung	verdeckte Aussage
Er hat seine Aufgaben ordnungsgemäß erledigt.	Er ist ein Bürokrat, ohne Initiative.
Er ist tüchtig und weiß sich zu verkaufen.	Er ist ein unangenehmer Mitarbeiter, ein Wichtigtuer.
Wegen seiner Pünktlichkeit war er stets ein Vorbild.	Er ist in jeder Hinsicht eine Niete.
Er hat zur Verbesserung des Betriebsklimas beigetragen.	Er trinkt Alkohol im Dienst.
Er bewies für die Belange der Belegschaft stets Einfühlungsvermögen.	Er ist ständig auf der Suche nach Sexualkontakten.

Man sollte sich aber auch davor hüten, hinter jeder Formulierung eine Gemeinheit zu vermuten. Ich habe in meinen Zeugnis-Seminaren erlebt, dass die Formulierung „humorvolle Mitarbeiterin" negativ bewertet wurde im Sinne von „Betriebsnudel". Ein anderes Beispiel: In der Internet-Stellenbörse *www.top-jobs.de* werden unter dem Stichwort „Zeugnisse" sogenannte „verschlüsselte Formulierungen" aufgelistet und interpretiert. Dort steht auch der Satz: „Sie ist eine zuverlässige Mitarbeiterin". Und daneben steht die Deutung: „Sie ist zur Stelle, wenn man sie braucht, allerdings ist sie nicht immer brauchbar". Humor und Zuverlässigkeit sind auch im Berufsleben positive Eigenschaften.

Bei der Beurteilung des Sozialverhaltens taucht manchmal die Frage auf, ob es denn etwas zu bedeuten habe, wenn der Vorgesetzte nicht an erster Stelle genannt wird, wie in diesem Satz: „Das Verhalten gegenüber Kollegen und Vorgesetzten war immer einwandfrei." In der Literatur über Arbeitszeugnisse liest man gelegentlich, es sei negativ zu bewerten, wenn der Vorgesetzte nicht zuerst genannt wird. Nach meiner Erfahrung ist es wohl eher so, dass die meisten Zeugnisschreiber gar nicht wissen, dass der Vorgesetzte zuerst erwähnt werden soll. Warum sollte er auch? Eine Überinterpretation.

Hier noch ein letztes Beispiel für eine Fehldeutung bei den Zukunftswünschen: Viele schreiben: „... und wünschen ihm für die Zukunft alles Gute". Andere schreiben: „Wir wünschen ihr für den weiteren Berufs- und Lebensweg alles Gute und viel Erfolg". Manche meinen, die Zukunftswünsche wären nur dann positiv (= gutes Zeugnis) zu bewerten, wenn die Wünsche auch auf den privaten Bereich ausgedehnt werden. Vergessen Sie es. Das hat in der Praxis keine Bedeutung.

Analyse von Zeugnisbeispielen

Analysieren und beurteilen Sie die Auszüge aus folgenden neun Originalzeugnissen. Meine Bewertungen dieser Zeugnisse können Sie ab Seite 35 lesen.

Zeugnis Nr. 1: Vertriebsleiter Großhandel
Beschäftigungsdauer: fünf Jahre

Aufgrund der langjährigen Erfahrung von Herrn Baum im internationalen Handel sowie seiner ausgezeichneten Kenntnisse der englischen Sprache konnte er sich in kürzester Zeit in die ihm übertragenen Aufgaben sehr erfolgreich einarbeiten und sich ein fundiertes, erprobtes Fach- und Methodenwissen umgehend aneignen.

Herr Baum hat mit einem Höchstmaß an Engagement seine Aufgabe wahrgenommen und überzeugte stets durch ein besonderes Verhandlungsgeschick sowie eine schnelle Auffassungsgabe. Aufgrund seiner fachlichen Kompetenz sowie seiner Professionalität war Herr Baum immer ein gesuchter sowie geschätzter Gesprächspartner.

Wir haben Herrn Baum als einen äußerst belastbaren Mitarbeiter kennengelernt, der wechselnden Beanspruchungen sowie schwierigen Situationen stets gewachsen war und auch unter Termindruck alle Aufgaben sehr gut bewältigte. Mit seinen Leistungen waren wir in jeder Hinsicht stets sehr zufrieden.

Seiner Aufgabe, die ihm unterstellten Mitarbeiter ziel-, leistungs- und terminorientiert zu führen, ist Herr Baum stets gerecht geworden. Sein Verhalten gegenüber Vorgesetzten, Kollegen und Mitarbeitern war jederzeit einwandfrei. Gegenüber Kunden war er höflich und zuvorkommend. Besonders hervorzuheben ist seine hohe Anpassungsfähigkeit in Bezug auf die amerikanische und asiatische Mentalität.

Herr Baum verlässt unser Unternehmen auf eigenen Wunsch zum 30. September 2003. Wir bedauern dies sehr und wünschen ihm für die Zukunft alles Gute und ebenso viel Erfolg, wie er in unserem Unternehmen hatte.

Zeugnis Nr. 2: Geschäftsstellenleiter Sparkasse
Beschäftigungsdauer: drei Jahre

Herr Meier war vom 1.4.1998 bis 31.3.2001 in unserer Sparkasse als Geschäftsstellenleiter tätig. Schwerpunkte dieser Tätigkeit waren die Erfüllung der betrieblichen Zielsetzung auf geschäftspolitischem Gebiet, die Arbeitsorganisation in der Geschäftsstelle und die Anleitung und Kontrolle der ihm unterstellten Mitarbeiter. Herr Meier war bemüht, seine Aufgaben entsprechend unseren Erwartungen zu erfüllen. Er war jederzeit bereit, Verantwortung zu tragen und setzte sein fachliches Wissen ein. Er war bemüht, positive Ergebnisse bei der Leitung der Geschäftsstelle zu erzielen.

Die Arbeitsbereitschaft von Herrn Meier war zufriedenstellend, die Belastbarkeit war gleichbleibend und entsprach seinen Möglichkeiten.

Zu unseren Kunden war Herr Meier um ein gutes Verhältnis bemüht.

Herr Meier verlässt unsere Sparkasse auf eigenen Wunsch. Wir wünschen ihm für den weiteren Weg in einem anderen Unternehmen alles Gute.

Zeugnis Nr. 3: Organisator, Handlungsvollmacht
Beschäftigungsdauer: acht Monate

Wir bestätigen Herrn Müller gern, dass er die ihm gestellten Aufgaben sehr interessiert, fachkundig und mit großem Engagement erledigt hat.

Herr Müller war gegenüber der Geschäftsleitung ein loyaler und zuverlässiger Mitarbeiter. Nur der Ordnung halber fügen wir hinzu, dass er stets ehrlich und pünktlich war.

Herr Müller verlässt das Unternehmen zum 30.6.2003, um in Zukunft in anderen Bereichen Erfolge zu suchen.

Zeugnis Nr. 4: Verkäuferin/Kassiererin
Beschäftigungsdauer: 24 Jahre

Wir haben in Frau Schmidt eine einsatzbereite und flexible Mitarbeiterin kennen und schätzen gelernt. Alle ihr übertragenen Aufgaben erledigte sie jederzeit mit Sorgfalt und Geschick zu unserer vollen Zufriedenheit. Besonders hervorzuheben sind ihre guten Fachkenntnisse. Das Verhalten gegenüber Vorgesetzten, Kollegen und Kunden war stets einwandfrei, und gern bescheinigen wir Frau Schmidt absolute Vertrauenswürdigkeit, Zuverlässigkeit, Ehrlichkeit und Pünktlichkeit.

Frau Schmidt verlässt das Unternehmen mit dem heutigen Tag aus gesundheitlichen Gründen. Wir wünschen ihr für die Zukunft alles Gute.

Zeugnis Nr. 5: Aushilfe Serviererin
Beschäftigungsdauer: acht Monate

Frau Baum war vom 1.11.2001 bis 5.7.2002 als Aushilfskraft bei uns tätig. Wir beschäftigten sie in unserem Betriebsheim A. als Serviererin im À-la-carte- und Bankett-Service.

Frau Baum erledigte die ihr übertragenen Aufgaben zu unserer vollen Zufriedenheit. Sowohl im À-la-carte-Service als auch bei größeren Veranstaltungen behielt sie stets die Übersicht. Im Umgang mit Gästen war Frau Baum freundlich und zuvorkommend. Ihr Verhalten gegenüber Vorgesetzten und Mitarbeitern war jederzeit einwandfrei. Mit ihrem aufgeschlossenen und kollegialen Verhalten trug sie zu einem guten Betriebsklima bei.

Zeugnis Nr. 6: Servicekraft Sparkasse
Beschäftigungsdauer: drei Jahre

Zu ihren Arbeitsaufgaben gehörten die Entgegennahme von Belegen, die Prüfung der Kontenstände, die Ausgabe von Schecks, EC- und S-Cards und sonstigen Belegen.

Ferner war sie verantwortlich für die Bearbeitung von Daueraufträgen und Ablagearbeiten sowie die Beantwortung von einfachen Kundenanfragen.

Zeitweise wurde Frau Bauer auch als Kassiererin eingesetzt. Hier bestanden ihre Aufgaben in der Verwaltung des Kassenbestandes, der Annahme von Ein- und Auszahlungen sowie der Durchführung entsprechender Prüfungshandlungen. Sie war zuständig für die Abstimmung des Kassenbestandes, die Zweitkontrolle von Überweisungsträgern, Lastschriften und Scheckeinreichungen.

Frau Bauer beherrschte ihren Arbeitsbereich im Allgemeinen entsprechend den Anforderungen. Sie war stets um sorgfältige Arbeitsweise bemüht. Frau Bauer war bestrebt, ihren Aufgaben gerecht zu werden. Ihre Zusammenarbeit mit Vorgesetzten und Mitarbeitern war insgesamt zufriedenstellend.

Das Arbeitsverhältnis endet aufgrund einer ordentlichen betriebsbedingten Kündigung fristgemäß zum 31.12.2001.

Wir wünschen und hoffen mit ihr, dass sie auf ihrem künftigen Berufs- und Lebensweg viel Erfolg haben wird.

Zeugnis Nr. 7: Verkaufs-Sachbearbeiter
Beschäftigungsdauer: drei Jahre

Herr Kurt Maier, geboren am 23.8.1980, stand in der Zeit vom 1.7.1999 bis 30.6.2002 in den Diensten unserer Gesellschaft.

Herr Maier war bei uns als kaufmännischer Angestellter tätig und als Sachbearbeiter im Verkaufsbereich eingesetzt. Er war für Änderungsaufträge zuständig. Außerdem gehörte zu seinen Obliegenheiten die Bearbeitung der Angebote, das Rechnungs- und Zahlungswesen sowie Prüf-, Kontroll-, Überwachungs- und Registraturarbeiten. Zudem führte er den im Rahmen seines Aufgabengebietes anfallenden Schriftwechsel in deutscher und englischer Sprache und wurde bei Bedarf zur Kundenbetreuung mit herangezogen.

An den ihm übertragenen Arbeiten zeigte Herr Maier großes Interesse. In der ihm eigenen temperamentvollen und dyna- mischen Art war er im durchaus positiven Sinne ein eigenwil- liger Mitarbeiter, der einen Arbeitsstil und eine Arbeitsmethode bevorzugte, bei denen sich seine eigenen Ideen, Kenntnisse und Erfahrungen möglichst unverändert in die Tat umsetzen ließen. Er zeigte Regsamkeit, war kontaktfreudig und wendig; die von ihm erbrachten Leistungen waren gut. Bei großem Arbeitsanfall, insbesondere zu bestimmten Terminen, setzte er sich lobenswert ein und war in diesen Situationen oft bereit, bei der Überwindung von Engpässen zusätzlich noch in angrenzenden Bereichen tatkräftig mit auszuhelfen.

Herr Maier verlässt uns mit dem heutigen Tage auf eigenen Wunsch. Wir wünschen ihm für seinen weiteren beruflichen Werdegang viel Erfolg.

Zeugnis Nr. 8: Auszubildende Bankkauffrau
Beschäftigungsdauer: drei Jahre

Frau Martina Hempel, geboren am 1.4.1980, wurde in der Zeit von 1.9.1998 bis 30.8.2001 in unserem Hause zur Bankkauffrau ausgebildet. Sie hat die Ausbildungszeit mit der Prüfung vor der Industrie- und Handelskammer abgeschlossen.

Frau Hempel wurde in unserem Institut nach dem Ausbildungsplan in sämtlichen Abteilungen ausgebildet. Sie hat während der Ausbildungszeit befriedigende theoretische Kenntnisse und befriedigende praktische Kenntnisse erworben. Frau Hempel hat an ihrem Beruf stets reges Interesse gezeigt und die ihr übertragenen Arbeiten zu unserer vollsten Zufriedenheit erledigt.

Wir haben Frau Hempel in das Angestelltenverhältnis übernommen.

Zeugnis Nr. 9: Kaufmännischer Leiter
Beschäftigungsdauer: fünf Monate

Herr Rüdiger Krone, geboren am 4. September 1950, war in der Zeit vom 1. Januar 2000 bis 31. Mai 2000 als kaufmännischer Leiter in unserem Betrieb tätig. Zu seinem Verantwortungsbereich gehörten die Bereiche
– Buchhaltung
– Finanzen
– Personal
– Administration.

Herr Krone hat alle ihm übertragenen Arbeiten jederzeit zu unserer vollen Zufriedenheit erledigt. Seine Führung war stets einwandfrei, er hatte immer das Vertrauen der Geschäftsleitung. Nur der guten Ordnung halber erwähnen wir Fleiß, Ehrlichkeit und Pünktlichkeit.

Das Arbeitsverhältnis haben wir zum 31. Mai 2000 einvernehmlich gelöst. Für die Zukunft wünschen wir Herrn Krone alles Gute.

Interpretationen

Zeugnis Nr. 1

Die Absicht des Zeugnisausstellers ist eindeutig. Man wollte dem Mitarbeiter ein sehr gutes Zeugnis ausstellen. Aber ist es wirklich ein aussagekräftiges Arbeitszeugnis für eine gute Führungskraft? Es ist im Zeugnis die Rede von Engagement, Professionalität und auch vom Erfolg des Mitarbeiters. Das sind alles positive Aspekte. Doch über konkrete Arbeitsergebnisse erfahren wir nichts. Wofür wurde er tatsächlich bezahlt? Welchen Nutzen hat er dem Unternehmen gebracht? Warum war er eine erfolgreiche Führungskraft?

Zeugnis Nr. 2

Der Mitarbeiter hat drei Jahre lang die Geschäftsstelle einer Sparkasse geleitet. Er hat sich drei Jahre lang nur bemüht, aber keinen Erfolg gehabt. Braucht ein Kreditinstitut drei Jahre, um das herauszufinden? Wenn die Leistung des Mitarbeiters in diesen drei Jahren nicht mit einer Abmahnung gerügt worden ist, kann er dieses schlechte Zeugnis zurückweisen. Nach der Rechtsprechung des Bundesarbeitsgerichts haben Arbeitnehmer, die über Jahre ihre Arbeit leisteten, ohne eine Abmahnung erhalten zu haben, Anspruch auf ein Zeugnis, in dem mindestens durchschnittliche Leistungen bescheinigt werden.

Übrigens: Ein solches Zeugnis ist für einen Mitarbeiter wertlos. Es kommt einem Berufsverbot gleich.

Zeugnis Nr. 3

Das Zeugnis ist keine Empfehlung, im Gegenteil. Hier hat der Zeugnisaussteller gegen den Grundsatz des Wohlwollens verstoßen. Den Abschlusssatz „verlässt das Unternehmen, um in anderen Bereichen Erfolge zu suchen" muss der Zeugnisempfänger nicht akzeptieren.

Zeugnis Nr. 4

Dieses Zeugnis ist etwas kurz geraten für eine 24-jährige Beschäftigungsdauer. Man merkt dem Zeugnis an, dass der Arbeitgeber sich nicht viel Mühe gemacht hat. Die Mitarbeiterin könnte sich durch dieses nichtssagende Zeugnis zu Recht beleidigt fühlen.

Übrigens: Die Formulierung „Gern bescheinigen wir Frau Schmidt"
ist Bürokratendeutsch und hört sich an, als hätte die Mitarbeiterin
ausdrücklich darum gebeten, ihr Zuverlässigkeit zu bestätigen, was
aber nicht den Tatsachen entspricht.

Zeugnis Nr. 5

Das wäre ein akzeptables Zeugnis (befriedigende Leistungen), wenn
nicht diese doppelbödige Formulierung wäre: „Mit ihrem aufgeschlossenen und kollegialen Verhalten trug sie zu einem guten Betriebsklima bei." Offen bleibt, ob sie mehr den Männern oder dem Alkohol
zugeneigt war. Nach der Rechtsprechung sind solche zweideutigen
Formulierungen nicht zulässig (siehe auch Kapitel „Rechtliche Aspekte", S. 111 ff.).

Zeugnis Nr. 6

Bestrebt und bemüht – jeder weiß, was das bedeutet. Ein Arbeitgeber,
der drei Jahre braucht, um herauszufinden, dass er eine Mitarbeiterin
beschäftigt, die nichts leistet, hat auch kein gutes Zeugnis verdient.

Zeugnis Nr. 7

Einige Formulierungen sind im verstaubten Kanzleistil geschrieben,
zum Beispiel „… gehörte zu seinen Obliegenheiten …" Die Firma bescheinigt Herrn Maier gute Arbeitsleistungen und lobt seinen Arbeitseinsatz. Nur von seinem Verhalten war man ganz offensichtlich nicht
angetan. Es heißt im Zeugnis, er sei „im positiven Sinne ein eigenwil-
liger Mitarbeiter", was nichts anders bedeutet als: Er ist dickköpfig und
schwierig.

Ist das insgesamt ein gutes Zeugnis? Nein, das Zeugnis ist keine Emp-
fehlung. Die Chancen, mit diesem Zeugnis eine Einladung zu einem
Vorstellungsgespräch zu bekommen, sind gering. Firmen wollen keine
Eigenbrötler, schon gar nicht, wenn sie mit Kunden zu tun haben. Im
Verkauf ist der umgängliche, kontaktstarke und kommunikative Typ
gefragt.

Zeugnis Nr. 8

Das Zeugnis ist nicht vollständig. Es fehlt die Beurteilung der „Führung", also des Sozialverhaltens: Wie kam sie mit Kollegen zurecht, welches Verhältnis hatte sie zu Vorgesetzten und – ganz wichtig für Bankkaufleute – wie war ihr Umgang mit Kunden. Die Arbeitsleistung wird nicht differenziert beurteilt (Arbeitsweise, Arbeitseinsatz, Arbeitsergebnisse), sondern nur pauschal: „zu unserer vollsten Zufriedenheit". Der Leser erfährt nichts darüber, ob sie lernwillig ist, eine gute Auffassungsgabe hat, fleißig und schnell arbeitet. Insgesamt wohl eher ein durchschnittliches Ausbildungszeugnis.

Zeugnis Nr. 9

Die Formulierung „jederzeit zu unserer vollen Zufriedenheit" bedeutet eigentlich, dass der Mitarbeiter gute Leistungen gezeigt hat, was sich aber aus dem Gesamtzusammenhang nicht ableiten lässt. Es gibt Anzeichen, die das Gegenteil vermuten lassen. Wer als Zeugnisaussteller Fleiß, Ordnung und Pünktlichkeit bei einer Führungskraft erwähnt, lenkt bewusst vom Wesentlichen ab, indem er auf Dinge hinweist, die in Zeugnissen für Raumpflegerinnen und Metzgereifachverkäuferinnen wichtig sind. Über die Führungsqualitäten und das Führungsverhalten gegenüber seinen Mitarbeitern (wie viele?) erfahren wir überhaupt nichts. Auch nicht über seine sozialen Fähigkeiten. Das könnte „beredtes Schweigen" sein. Man trennte sich einvernehmlich nach fünf Monaten, was nichts anderes als Rausschmiss bedeutet. Das Zeugnis ist wahrlich keine Empfehlung.

Die sprachlichen Anforderungen

Der Text eines Arbeitszeugnisses ist eine Information für einen Dritten, zum Beispiel für einen Personalreferenten oder Personalberater über die Tätigkeit (Verantwortung, Befugnisse) und die Beurteilung der Arbeitsleistung und des Sozialverhaltens. Wer Bewerbungsunterlagen liest und bewertet, hat wenig Zeit für (und manchmal auch wenig Lust auf) das einzelne Arbeitszeugnis. Deshalb sollten die Informationen im Arbeitszeugnis sachlich, knapp und übersichtlich gegliedert sein. Für Zeugnisaussteller heißt das: Das Zeugnis muss leicht lesbar formuliert sein. Mit den im Folgenden vorgestellten Stilmitteln und Sprachkniffen ist das einfach zu erreichen.

Konkrete und anschauliche Beschreibungen

Um die Arbeitsleistung zu beschreiben reicht es nicht aus, eine pauschale Aussage zu machen, wie zum Beispiel „Sie hat zu unserer vollsten Zufriedenheit gearbeitet". Man hat bei vielen Arbeitszeugnissen den Eindruck, dass man sich mit der Formulierung nicht viel Mühe gemacht hat. Manche Zeugnisaussteller sind heilfroh, dass es den alten und verstaubten Zeugniscode noch gibt. Der Code dient ihnen als Alibi, nicht über andere sprachliche Möglichkeiten nachdenken zu müssen.

Den Satz „Mit seinen Leistungen waren wir stets sehr zufrieden", könnte man auch so formulieren:

▶   Er zeigt gute Leistungen.

▶   Er hat Beachtliches geleistet, zum Beispiel ist es ihm gelungen, ...

▶   Er erzielte gute Arbeitsergebnisse: Er hat den Umsatz ...

▶ Sie arbeitet effizient, hat ihren Bereich neu strukturiert ...

▶ Sie erzielt auch unter schwierigen Bedingungen gute Resultate.

Die positiven Arbeitsergebnisse, der Beitrag zum Unternehmensganzen sollte konkret dargestellt werden:

▶ In den letzten beiden Geschäftsjahren hat er den Außendienst aufgebaut, neue Kunden gewonnen und den Umsatz (Rendite) beachtlich gesteigert.

▶ Sie hat in der Projektgruppe „Einführung SAP" mitgearbeitet, gute Ideen beigesteuert und die Ergebnisse zusammen mit dem Projektleiter anschaulich präsentiert.

Junge Menschen benutzen gerne Modewörter. Sie machen es sich einfach und bequem in der Sprache. Zu allem, was gut, anregend, gelungen oder aufregend ist, sagen sie geil oder cool. Aber auch in Arbeitszeugnissen wird geschlampt und wir finden Modewörter, die unreflektiert übernommen werden, letztendlich aber nichts Genaues aussagen. „Motivation" zum Beispiel ist so ein Wort, das immer häufiger auftaucht. Was soll das heißen, wenn da steht: „Er motiviert seine Mitarbeiter"? Man ahnt, dass dieser Satz positiv gemeint ist. Trotzdem bleibt er schwammig. Was könnte gemeint sein?

■ gibt seinem Team Impulse

■ informiert rechtzeitig

■ vereinbart Ziele und Leistungsstandards

■ kontrolliert Arbeitsfortschritt und -ergebnisse

■ unterstützt seine Mitarbeiter bei ihren Aufgaben

■ gibt ihnen eine Rückmeldung über ihre Leistungen

■ vermittelt seinen Leuten das Gefühl, dass ihre Arbeit wichtig ist

Mit solchen eindeutigen Erklärungen erkennt der Zeugnisleser sofort die Fähigkeiten des bewerteten Mitarbeiters.

Kurze und klare Sätze

Der Kurzsatzstil macht ein Zeugnis leicht und schnell lesbar. Bandwurmsätze dagegen hemmen den Lesefluss. Vergleichen Sie selbst die folgenden Beispiele:

lang	kurz
Seine verantwortungsvolle und gewissenhafte Arbeitsweise sowie seine hohe Zuverlässigkeit gewährleisteten stets eine einwandfreie Ausführung seiner Arbeiten, die unsere uneingeschränkte und vollste Zufriedenheit fanden.	Er ist sehr zuverlässig, arbeitet gewissenhaft und eigenverantwortlich und erzielt gute Ergebnisse.
Herr K. ist ein zügig arbeitender Mitarbeiter, der seine Aufgaben mit großer Einsatzbereitschaft wahrnimmt und wegen seiner guten Aufgabenerfüllung Sonderaufgaben übernimmt.	Herr K. arbeitet zügig und engagiert und übernimmt bereitwillig Sonderaufgaben.
Neben der Sacharbeitertätigkeit wurden auch eigenständige Kundenberatungen durchgeführt.	Sie hat Kunden selbstständig bei der Geldanlage beraten.
Herr M. gab den Wünschen der Kunden höchste Priorität; umfassende, zuvorkommende Beratung und zügige Erledigung waren für ihn eine Selbstverständlichkeit.	Herr M. arbeitet kundenorientiert.

Eine andere Gewohnheit hat sich in Arbeitszeugnissen breit gemacht: Man schreibt ausholende, weitschweifige Sätze und hält das für einen „gehobenen Stil", den man wegen der besonderen Leistung des zu beurteilenden Mitarbeiters für angemessen hält.

Gerade bei Führungskräften bemühen sich manche Zeugnisaussteller redlich, einen Stil zu finden, der der Bedeutung der Position gerecht werden soll:

- Wir haben Herrn M. als Persönlichkeit schätzen gelernt, die sich voll für die betrieblichen Interessen einsetzte, sich vorbildlich mit der Unternehmenskultur identifizierte und in jeder Situation bewusst die Mitverantwortung trug.

- Wir danken Herrn B. für seine jahrelange hervorragende Mitarbeit und seinen selbstlosen Einsatz für unser Unternehmen.

- Unbedingt erwähnenswert ist, dass der Gütegrad seiner Leistung durchgängig äußerst hoch war.

- Es war ihm stets ein absolutes Bedürfnis, gemeinsam Ziele optimal zu erreichen.

- Es gelang ihm in ausgezeichneter Weise, Motivation zu erzeugen und seine Mitarbeiter zu produktiven Leistungen zu ermuntern, die letztlich dem Unternehmensziel in hervorragender Weise zugute kamen.

Das sind eigentlich Selbstverständlichkeiten, redundante Formulierungen, Platzfüller. Das alles kann einfacher, konkreter und gleichzeitig lebendiger und lesefreundlicher ausgedrückt werden.

Gegenwart oder Vergangenheit gezielt wählen

Soll man ein Arbeitszeugnis in der Gegenwarts- oder Vergangenheitsform formulieren? Beides ist möglich. Die Beurteilung der Arbeitsleistung bezieht sich eindeutig auf die Vergangenheit. Bei der Beurteilung von Können, Eigenschaften und Fähigkeiten wirkt die Vergangenheitsform merkwürdig:

- Sie war ehrlich und fleißig.

- Sie war intelligent.

- Sie verfügte über ein ausgezeichnetes Fachwissen.

Es ist eher unwahrscheinlich, dass sie jetzt nicht mehr ehrlich, fleißig und intelligent ist und ihr das ausgezeichnete Fachwissen über Nacht abhanden gekommen sein sollte. Was spricht dagegen, Arbeitszeugnisse in der Gegenwartsform zu schreiben? Eigentlich nichts:

▸ Er hat gute Ideen.

▸ Er ist intelligent und fleißig.

Die Gegenwartsform ist auch sachlich korrekt. Das Zeugnis wird auf den letzten Arbeitstag datiert. Zum Zeitpunkt des Ausscheidens gehört der Mitarbeiter noch zum Unternehmen. Übrigens: Ein in der Gegenwartsform formuliertes Zeugnis klingt besser, frischer, lebendiger.

Hauptwörter, Verben und Adjektive richtig einsetzen

Substantive können einen Text holprig machen, vor allem, wenn sie unnötig aufgebläht sind. Das Problem wird zur Problematik oder zum Problemlösungspotenzial, das Thema wird zur Thematik, das Argument zur Argumentation, das Ziel zur Zielsetzung und die Frage zur Fragestellung.

▸ „Aufgrund seiner umsichtigen und effizienten Arbeitsweise erbrachte er stets eine gute Leistung." Einfacher ausgedrückt: „Er arbeitet sorgfältig, effizient und erzielt gute Ergebnisse."

▸ „Auch bei größten Anforderungen erbrachte er konstant eine exzellente Leistung, ließ sich dabei beispielhaft von der Maxime der Wirtschaftlichkeit leiten und berücksichtigte kompetent branchenbezogene Entwicklungen." Kurz gesagt: „Er arbeitet wirtschaftlich, ist technisch auf der Höhe der Zeit und erzielt sehr gute Ergebnisse."

Verben sind schlicht und anschaulich. Aber es gibt auch schlechte und tote Verben, die man vermeiden sollte: Sich befinden, liegen, gehören, sich handeln um. Beispiele aus Arbeitszeugnissen:

■ Zu seinen Aufgaben gehören …

■ Es handelt sich um eine fleißige Mitarbeiterin.

■ Der Aufgabenbereich beinhaltet auch …

Es finden sich auch falsche Verben in Arbeitszeugnissen: abändern statt ändern, absenken statt senken, abmildern statt mildern.

Auch Adjektive sollten richtig eingesetzt werden. Stehende Beiwörter, wie in den folgenden Beispielen, sind überflüssig:

- die ihm übertragenen Aufgaben

- die brennende Frage

- der bittere Ernst

- die gezielten Maßnahmen

- die feste Überzeugung

- das notwendige Vertrauen

Adjektive sind dann sinnvoll, wenn sie nichts Selbstverständliches ausdrücken:

▶ der fähige Mitarbeiter

▶ der erfahrene Fachmann

▶ ein kreativer Kopf

▶ ein geschickter Verhandlungspartner

▶ ein ideenreicher Mitarbeiter

Papierstil vermeiden

Manchen Zeugnissen merkt man den Papierstil deutlich an. Woher kommt dieser Stil? Als Urheimat gilt das Amtsdeutsch. Ludwig Reiners schreibt in seinem Buch „Stilkunst" dazu:

> „Das Neuhochdeutsche war in seiner Jugend eine geschriebene, keine gesprochene Sprache. Aufgewachsen in Kanzleien, genährt von Büchern, erzogen im verschnörkelten Amtstil eines oft pedantischen, überhöflichen Volkes ist es lange Zeit hindurch dem frischen Wind des Lebens nicht ausgesetzt gewesen. Aus dieser Vergangenheit rührt die Neigung vieler Deutscher, sich umständlich auszudrücken, die entschiedenen Worte zu vermeiden, überlieferte Kanzleiformen heilig zu halten und vor allem den Unterschied zur Umgangssprache in der mechanischen Verlängerung jeder Wendung zu suchen."

Der „Papierdeutsche" (Reiners) liebt die Leideform. Die Tatform betone die Handlung, die Leideform das Ereignis: „Die Bank wird um 18.00 Uhr geschlossen!" Das muss nicht unbedingt mit „leiden" zu tun haben. „Er wurde bei dem Unfall verletzt", ist selbstverständlich Leideform, wie auch dieser Satz: „Das Haus wurde total zerstört." Die Bürokraten lieben die Leideform auch heute noch: „Sie werden hiermit aufgefordert, …"

Bei Arbeitszeugnissen deuten manche Leser Passivsätze negativ, obwohl es eher das sprachliche Unvermögen des Zeugnisschreibers offenbart:

- Ab Januar 2000 wurden ihm die Aufgaben eines Abteilungsleiters übertragen.
- Herr Küttner wurde als Buchhalter eingestellt.
- Herr Krause wurde mit folgenden Aufgaben betraut: …

Das Papierdeutsch ist auch in Arbeitszeugnissen weit verbreitet. Hier einige Beispiele aus Originalzeugnissen:

Beispiel	Verbesserungsvorschlag
Die ihr übertragenen Aufgaben geht sie systematisch an, und sie erlauben es ihr, die notwendigen Prioritäten zu setzen.	Sie arbeitet systematisch und macht das Wichtigste zuerst.
Die Arbeitsausführung war durch hohe Qualität und Quantität gekennzeichnet.	Er arbeitet schnell und effizient.
Für die Dauer eines Jahres hat er sich im Ausland befunden.	Er hat ein Jahr im Ausland gearbeitet.
Die ihr obliegenden Arbeiten hat sie termingerecht abgeschlossen.	Sie ist zuverlässig und hält Termine ein.

Man kann in Arbeitszeugnissen recht häufig Sätze lesen, die beginnen mit:

- Wir bestätigen gerne, dass …
- Wir bescheinigen …
- Nur der guten Ordnung halber …

Das sind Überreste obrigkeitsstaatlichen Behördendeutschs. Man findet solche Formulierungen schon in Arbeitszeugnissen, die hundert Jahre und älter sind und im Museum für Arbeit in Hamburg archiviert werden.

Auf inhaltliche Logik achten

Hier ein paar Beispiele aus Originalzeugnissen, in denen die Formulierungen missglückt sind:

- „Gute Umgangsformen verhalfen ihm zur erfolgreichen Kontaktaufnahme".

  Der Satz ist sprachlich und inhaltlich missglückt. Gemeint ist: Er hat gute Umgangsformen und findet schnell Kontakt.

- „Es gibt im Dezernat niemanden, der Frau C. wegen ihrer Freundlichkeit und Kollegialität nicht schätzte."

Der Zeugnisaussteller gewährt tiefe Einblicke in den inneren Zustand der Abteilung einer Behörde. Man wählt die Verneinung. Hat das etwas zu bedeuten? Ja, man möchte nicht einfach formulieren: Sie ist kollegial und freundlich. Das ist zu schlicht. Der Behördenleiter will sich anders ausdrücken, besser, origineller. Leider daneben.

- „Herr S. hat Spitzenleistungen erbracht. Wir waren daher mit seinen Leistungen in hohem Maße zufrieden."

Wer hätte das gedacht: Der Schimmel ist weiß.

- „Dank ihres präzisen Arbeitsstils ist sie auch in schwierigen Situationen sehr gut belastbar."

Wer präzise arbeitet ist nicht unbedingt belastbar. Aber er kann „genau arbeiten und belastbar" sein.

- „Aufgrund der sehr guten Arbeitserfüllung übernahm er ab … zusätzliche allgemeine Verwaltungsarbeiten."

Das ist nicht logisch. Es dürfte wohl eher so gewesen sein, dass man ihm zusätzliche Aufgaben gegeben hat, damit er zeigen kann, wie tüchtig er ist.

- „Sein Erfolg und seine Leistungen begründet sein großes Engagement."

Auf tautologische Begründungen können wir im Arbeitszeugnis getrost verzichten.

- „Kommunikative Fähigkeiten wurden besonders im Team deutlich."

Wo sonst? Im Selbstgespräch?

Formulieren kann man lernen

Übung 1:

Bei dieser Übung sind Gegensatzpaare zu bilden. Die Begriffe stammen aus Arbeitszeugnissen.

konkret . . . .

scharfsinnig . . . .

offen . . . .

ausgleichend . . . .

entscheidungsfreudig . . . .

initiativ . . . .

systematisch . . . .

sorgfältig . . . .

ausdauernd . . . .

rational . . . .

exzellent . . . .

kontaktfreudig . . . .

humorvoll . . . .

flexibel . . . .

energisch . . . .

aktiv . . . .

willensstark . . . .

kompromissbereit . . . .

konstruktiv . . . .

kooperativ . . . .

lernbereit . . . .

hilfsbereit . . . .

kompetent . . . .

individuell . . . .

praktisch . . . .

aufgeschlossen . . . .

begeistert . . . .

gelassen . . . .

gut . . . .

flexibel . . . .

kultiviert . . . .

gewissenhaft . . . .

gesellig. . . . .

Lösungen Übung 1:

konkret – abstrakt
scharfsinnig – dumm
offen – verschlossen
ausgleichend – streitsüchtig
entscheidungsfreudig – zögerlich
initiativ – abwartend
systematisch – chaotisch
sorgfältig – schlampig, fehlerhaft
ausdauernd – ungeduldig
rational – emotional
exzellent – ungenügend
kontaktfreudig – schüchtern
humorvoll – humorlos
flexibel – starr
energisch – nachgiebig
aktiv – passiv
willensstark – labil
kompromissbereit – unnachgiebig
konstruktiv – destruktiv
kooperativ – eigenbrötlerisch
lernbereit – lernunwillig
hilfsbereit – ungefällig
kompetent – inkompetent
individuell – kollektiv
praktisch – theoretisch, unpraktisch
aufgeschlossen – verschlossen
begeistert – gleichgültig, gelangweilt
gelassen – verbissen, reizbar
gut – schlecht, mangelhaft
kultiviert – grob, unkultiviert
gewissenhaft – nachlässig
gesellig – einzelgängerisch, ungesellig

Übung Nr. 2:

Bringen Sie diese Formulierungen aus Originalzeugnissen in eine klare, präzise Sprache mit kurzen Sätzen im Verbalstil. Die Vergangenheitsform ändern Sie bitte in die Gegenwartsform:

1. Er bewies im Rahmen seiner Aufgaben die notwendige Überzeugungs- und Durchsetzungsfähigkeit.

....

....

....

2. Im Umgang mit Patienten und Angehörigen verfügt Herr Meier jederzeit über ein der Situation angemessenes Kommunikationsverhalten.

....

....

....

3. Herr Feuerstein nahm von ... bis ... erfolgreich an einer Fortbildung für Stützverbände teil.

....

....

....

4. Zu ihren Obliegenheiten gehörte der gesamte anfallende Schriftverkehr.

....

....

....

5. Seine schnelle Auffassungsgabe, seine Fähigkeit, schwierige Sachverhalte zu analysieren und selbstständig abzuwickeln, sowie seine von natürlicher Autorität getragene Durchsetzungs- und Motivationskraft sicherten Herrn Müller den Erfolg bei der Bewältigung seiner Aufgaben.

....

....

....

6. Seine Stärken im organisatorischen Bereich lagen vor allem in einer überlegten Planung und der gewissenhaften Ausführung von Aufgabenstellungen, wobei er flexibel die jeweils geltenden Rahmenbedingungen berücksichtigte.

....

....

....

7. Aufgrund seines hervorragend praktizierten Führungsstils wurden Probleme unter großer Beteiligung des gesamten Mitarbeiterteams schnell und effektiv gelöst.

....

....

....

8. Mit wirtschaftlichem Denken, dem Erkennen abteilungsübergreifender Zusammenhänge und klaren Zielvorstellungen hat er die ihm übertragenen Aufgaben sachgerechten Lösungen zugeführt.

....

....

....

9. Frau Schulz beeindruckte durch ihr Engagement und ihre Entscheidungsfreude.

....

....

....

10. Die ihr übertragenen Aufgaben ging sie systematisch an und erledigte sie zu unserer besten Zufriedenheit. Ihre gute Übersicht für komplexe Zusammenhänge erlaubten ihr praxisbezogenes Angehen und Umsetzen der an sie gerichteten Herausforderungen.

....

....

....

Die Vorlagen für die Übungen 1 und 2 finden Sie auf der beiliegenden CD-ROM.

Lösungsvorschläge:

1. Er argumentiert überzeugend und kann sich durchsetzen.

2. Herr Meier findet schnell Kontakt zu seinen Patienten und bezieht die Angehörigen mit ein.

3. Herr Feuerstein hat sich weitergebildet und unter anderem ein Seminar zum Thema „Stützverbände" erfolgreich besucht.

4. Sie ist für die deutsche und englische Korrespondenz zuständig.

5. Er hat eine schnelle Auffassungsgabe, kann analytisch denken und löst auch schwierige Probleme. Er kann andere überzeugen und seine Ideen durchsetzen.

6. Er versteht es, seine Arbeit zu planen, zu strukturieren und zu organisieren. Er arbeitet effizient und reagiert flexibel auf Veränderungen.

7. Er löst die Probleme gemeinsam mit seinen Mitarbeitern schnell und effizient.

8. Er denkt wirtschaftlich, arbeitet zielgerichtet und kommt zu praktikablen Lösungen.

9. Frau Schulz arbeitet engagiert und ist entscheidungsfreudig.

10. Sie ist fachlich kompetent, plant ihre Arbeit systematisch und löst mit ihrem Können auch schwierige Aufgaben und Probleme.

Zeugnisse schreiben in der Praxis

Die Struktur

Die Beurteilung der Leistung ist ein Soll-Ist-Vergleich. Die Anforderungen an den Stelleninhaber werden den tatsächlichen Arbeitsleistungen gegenübergestellt. Ein Controller muss für seine Aufgabe nicht unbedingt Verkaufstalent besitzen, was bei einem Vertriebsleiter unerlässlich ist. Eine Beurteilung der verkäuferischen Fähigkeiten ist bei einem Controller deshalb nicht notwendig.

Die Beurteilung der Leistung kann nur der unmittelbare Vorgesetzte vornehmen und nicht die Personalabteilung oder die Stelle, die das Zeugnis ausstellt. Doch ein Vorgesetzter braucht Unterstützung dafür, nach welchen Kriterien er beurteilen soll. Das Unternehmen sollte dem Vorgesetzten ein Beurteilungsformular geben, das sich der Zeugnisstruktur anpasst und bereits die persönlichen Daten enthält (siehe S. 63)

Ein Zeugnis hat folgende Struktur:

- Persönliche Daten:
  Vorname, Name, Geburtsdatum, Art und Dauer der Beschäftigung
  (Eintritt: …/Befristung von … bis …)
- Aufgaben/Verantwortung (in Stichworten)
- Die wichtigsten Anforderungen (rechtlich nicht zwingend)
- Beurteilung Qualifikation und Leistung:
  – Fachliche und soziale Kompetenz
  – Arbeitsleistung (positive Arbeitsergebnisse)
  – Führungsleistung

■ Beurteilung Sozialverhalten:
Gegenüber Kunden, Vorgesetzten, Mitarbeitern, Kollegen

■ Art der Beendigung des Arbeitsverhältnisses:
– Eigener Wunsch
– Betriebliche Gründe
– Verhaltensbedingte Gründe

■ Abschlusssatz:
Bedauern, Dank, Zukunftswünsche

■ Ausstellungsdatum/Unterschrift

Es ist zweckmäßig, den Mitarbeiter in die Beurteilung seiner Aufgaben und Arbeitsergebnisse einzubeziehen. Was die Aufgabenbeschreibung betrifft, weiß er besser, wofür er zuständig war, was er selbstständig und eigenverantwortlich erledigt hat. Außerdem kann es nützlich sein, vom Mitarbeiter selbst zu erfahren, welche Fähigkeiten und Stärken er bei welchen Arbeiten einsetzen konnte und welche positiven Arbeitsergebnisse er dabei erzielt hat.

Der Vorgesetzte erhält nicht nur das „Beurteilungsformular Arbeitszeugnis", sondern auch den Bogen „Selbstbeurteilung Arbeitszeugnis", den er dem Mitarbeiter aushändigt. Wie so ein Selbstbeurteilungs-Bogen aussehen kann, sehen Sie auf den folgenden Seiten. Eine Mustervorlage finden Sie auf der CD-ROM.

Selbstbeurteilung Arbeitszeugnis

Name:
Funktion:

___

1. Aufgaben/Verantwortung
Bitte listen Sie Ihre Aufgaben in Stichworten auf und kenn-
zeichnen Sie die Aufgaben, die Sie selbstständig und eigenverantwortlich erledigt haben, mit einem ✗.
....
....
....
....

**2. Worauf kommt es bei Ihrer Tätigkeit wirklich an? Wofür
bezahlt die Firma Sie?**
....
....
....
....

**3. Was muss man unbedingt können, um Ihre Aufgaben zu
erfüllen?**
....
....
....
....

**4. Welche Ihrer Fähigkeiten (Stärken) konnten Sie bei wel-
chen Tätigkeiten einsetzen?** (Zum Beispiel: Rhetorisches
Talent bei Verhandlungen und Präsentationen)
....
....
....
....

5. **Nennen Sie ein paar Beispiele für positive Arbeitsergebnisse, die Sie alleine oder im Team erzielt haben?** (Zum Beispiel: Ziele erreicht, Ideen eingebracht, in Projektgruppen mitgearbeitet, Vorschläge für Einsparungen gemacht) Bitte eventuell gesondertes Blatt benutzen.

....

....

....

....

6. **Nur für Führungskräfte**
Beschreiben Sie an einem Beispiel die Beziehungen zu und den Umgang mit Ihren Mitarbeitern.

....

....

....

....

7. **Was sonst noch wichtig ist:**

....

....

....

....

Ort/Datum   Unterschrift

....

Das Beurteilungsgespräch

Leistung und Sozialverhalten kann nur der unmittelbare Vorgesetzte beurteilen. Das gehört zu den Führungsaufgaben und darf nicht delegiert werden. Wie bei jeder anderen Beurteilung auch kann man keine objektiven Aussagen über Verhalten, Eigenschaften, Fähigkeiten und Leistungen machen. Die Beurteilung des Vorgesetzten wird immer subjektiv sein und möglicherweise fehlerhaft, weil der beurteilende Vorgesetzte auch Fehler macht. Nach der Rechtsprechung des Bundesarbeitsgerichts hat der Zeugnisaussteller einen „erheblichen Beurteilungsspielraum". Danach ist es Sache des Arbeitgebers zu entscheiden, wie er Leistung und Verhalten bewertet.

Gesprächsziel

Wenn der Mitarbeiter das Unternehmen auf eigenen Wunsch verlässt, sollte der unmittelbare Vorgesetzte dieses Gespräch nutzen, um etwas über die Gründe das Weggangs zu erfahren. Sind es nicht persönliche Gründe, besteht immer ein Zusammenhang mit der Arbeit, dem Arbeitsklima, den Arbeitsbedingungen und den zwischenmenschlichen Beziehungen. Das eigentliche Ziel eines solchen Beurteilungsgesprächs ist es, den Mitarbeiter darüber zu informieren, wie der Vorgesetzte die Leistung und das Sozialverhalten beurteilt. Der Vorgesetzte sollte in diesem Gespräch einen Konsens oder Kompromiss anstreben.

Gesprächseröffnung

Eine gute Voraussetzung für ein offenes Gespräch ist eine positive Eröffnung:

„Es geht um Ihr Arbeitszeugnis. Ich als Ihr Vorgesetzter werde eine Beurteilung schreiben. Darüber möchte ich gerne mit Ihnen sprechen. Vorausschicken möchte ich, dass ich es sehr schade finde, dass Sie das Unternehmen verlassen. Ich bedaure das sehr. Und ich würde auch gerne etwas über die Gründe erfahren, vor allem dann, wenn es etwas mit der Firma zu tun hat, mit der Bezahlung oder mit dem Arbeitsklima.

Zunächst aber würde ich gerne von Ihnen wissen, was Sie positiv sehen und was nicht. Beginnen wir mit dem letzten Punkt: Was fanden Sie gut in dieser Firma?"

Gesprächsverlauf

Es geht um eine realistische und faire Einschätzung der Leistung durch den Vorgesetzten, trotz aller Subjektivität. Zur Fairness gehört es, dem Mitarbeiter die Chance zu geben, Einwände gegen die Beurteilung vorzubringen und darüber zu diskutieren. Ein fairer Chef ist bemüht, Beurteilungsfehler zu vermeiden, Willkür auszuschalten und nicht dem Halo-Effekt zu erliegen, das heißt, von persönlichen Sympathien alle Fehler und Schwächen überstrahlen zu lassen.

Wenn eine Leistungsbeurteilung nicht gut ausfällt, ist dies immer ein Angriff auf das Selbstwertgefühl des Mitarbeiters und damit auf seine Identität. Der beurteilende Vorgesetzte sollte dann damit rechnen, dass der Mitarbeiter negative Gefühle äußert und sich ungerecht behandelt fühlt.

Bevor Sie mit dem Mitarbeiter über die Beurteilung seiner Leistung sprechen, sollten Sie ihn bitten, eine Selbsteinschätzung seiner Leistung abzugeben. Fragen Sie, auf welchem Gebiet er seiner Meinung nach eine Spitzenleistung, eine gute Leistung oder eine noch akzeptable Leistung erbracht hat, sofern er das noch nicht schriftlich mit der „Selbstbeurteilung" getan hat.

Gehen Sie dann anhand des Beurteilungsbogens mit dem Mitarbeiter die einzelnen Beurteilungskriterien durch und teilen sie ihm ihre Bewertung mit. Reden Sie von sich aus nicht über seine Schwächen. Sprechen Sie von seinen Stärken und Fähigkeiten, die er bei seiner Arbeit einsetzen konnte. Sprechen Sie ausführlich über die Arbeitsleistung, die Arbeitsergebnisse und über den positiven Beitrag zum Unternehmenserfolg.

Gesprächsabschluss

Versuchen Sie am Schluss des Gesprächs einen Konsens oder wenigstens einen Kompromiss über die wichtigsten Punkte der Beurteilung zu erzielen. Erläutern Sie das weitere Vorgehen: Sie geben die Beurteilung mit ihrer Bewertung jetzt an die Personalabteilung. Dort wird ein Zeugnisentwurf formuliert, der über den Vorgesetzten an den Mitarbeiter geht. Zu diesem Zeitpunkt können noch Korrekturen gemacht werden, bevor die Endfassung geschrieben wird.

Checkliste Beurteilungsgespräch:

1. Einladung   ❑   Gesprächsort:
Besprechungsraum, ungestört, Vier-Augen-Gespräch

                            ❑   Termin:
Zeitpunkt vereinbaren, voraussichtliche Dauer mitteilen, zum Beispiel maximal eine Stunde.

Schicken Sie zusammen mit der Einladung eine Kopie der ersten Seite des „Bewerbungsbogens" an den Mitarbeiter und bitten Sie ihn, die „Aufgabenbeschreibung" zu überprüfen und zum Gespräch mitzubringen.

2. Gesprächseröffnung   ❑   Positive Eröffnung
                            ❑   Ablauf erläutern

3. Gesprächsverlauf   ❑   Selbsteinschätzung: Beispiele für Spitzenleistung, gute Leistung, akzeptable Leistung

                            ❑   Eröffnung der Beurteilung des Vorgesetzten nach den Kriterien des Beurteilungsbogens

	❐	Einwände diskutieren
	❐	Über die Austrittsgründe sprechen
4. Gesprächsabschluss	❐	Konsens oder Kompromiss über den Zeugnisinhalt
	❐	Weiteres Vorgehen erläutern: Zeugnisentwurf wird von der Personalabteilung formuliert (Korrekturen noch möglich).

Zusammengefasst sieht der Arbeitsablauf für eine Zeugniserstellung folgendermaßen aus:

■ Mitarbeiter verlangt qualifiziertes Zeugnis.

■ Personalabteilung bereitet das Formular „Beurteilungsbogen Arbeitszeugnis" und das Formular „Selbstbeurteilung" vor und schickt es dem zuständigen Vorgesetzten.

■ Vorgesetzter beurteilt Leistung und Verhalten und berücksichtigt die Selbstbeurteilung.

■ Gespräch mit dem Mitarbeiter über die Beurteilung und die Gründe des Ausscheidens.

■ Vorgesetzter schickt den Beurteilungsbogen ausgefüllt an die Personalabteilung zurück.

■ Personalabteilung formuliert den Zeugnisentwurf.

■ Zeugnisentwurf geht an den Vorgesetzten zurück.

■ Eventuell noch Änderungen oder Ergänzungen, dann an die Personalabteilung zurück.

■ Personalabteilung erstellt Endfassung. Aushändigung an Mitarbeiter am letzten Arbeitstag zusammen mit den Arbeitspapieren.

Vom Beurteilungsbogen zum Zeugnisentwurf

Beurteilungsbogen Arbeitszeugnis (Musterformular)

Empfänger: Frau/Herr ....
(Beurteilende(r) Vorgesetzte(r))

Mitarbeiter(in)...

Beschäftigt seit: .... als ....

1. Aufgaben/Verantwortung

....

....

....

2. Anforderungen

Soll	Ist

3. Fachkompetenz

Fachwissen/Fachkönnen: (Zutreffendes bitte ankreuzen)

( ) fachliche Autorität

( ) fachlich kompetent

( ) liegt weit über dem Durchschnitt

( ) erfüllt die Anforderungen

( ) kann sein/ihr Wissen gut umsetzen

( ) langjährige Berufserfahrung

( ) besitzt Spezialkenntnisse:

....

Fremdsprachen:
verhandlungssicher/fließend/gut/Schulkenntnisse

....

EDV-Kenntnisse:..

Weiterbildung (intern, extern):

....

....

Geistige und kreative Fähigkeiten:

( ) schnelle Auffassungsgabe

( ) gesunder Menschenverstand

( ) Verhandlungsgeschick

( ) kann logisch/analytisch denken

( ) kann Konzepte entwerfen

( ) hat gute Ideen

( ) Organisationstalent

( ) planvolles/systematisches Vorgehen

( ) rhetorisch begabt

( ) kann sich präzise ausdrücken

( ) gutes Urteilsvermögen

( ) besitzt Augenmaß

( ) Sonstiges:

....

....

....

4. Soziale Kompetenz

Essentials:

( ) anpassungsfähig	( ) flexibel
( ) offen für Neues	( ) optimistische Grundhaltung
( ) hohe Eigenmotivation	( ) übernimmt gerne Verantwortung
( ) loyal	( ) vertrauenswürdig
( ) verlässlich	( ) diszipliniert
( ) sorgfältig	( ) gewissenhaft
( ) lernwillig	( ) umgänglich

Empathie/Auftreten/Umgang mit Kunden:

( ) Einfühlungsvermögen	( ) kann zuhören
( ) Verkaufstalent	( ) sicheres Auftreten
( ) gute Umgangsformen	( ) Selbstvertrauen

( ) gepflegte/sympathische Erscheinung

( ) stellt sich schnell auf Kunden ein

Kommunikation/Kooperation:

( ) knüpft schnell Kontakte

( ) kommuniziert offen

( ) arbeitet konstruktiv mit

( ) trägt Konflikte offen aus

( ) kann mit Kritik umgehen

Umgang mit Gefühlen:

( ) reagiert überlegt und sicher

( ) bleibt unter Stress gelassen

( ) reagiert angemessen auf die Gefühle anderer

( ) kann sich selbst schnell beruhigen

5. Arbeitsleistung

Arbeitsweise/Arbeitseinsatz:

( ) selbstständig ( ) schnell ( ) effizient

( ) gewissenhaft ( ) engagiert

( ) hält Termine ein, auch unter Zeitdruck

( ) plant, organisiert, strukturiert seine/ihre Arbeit

( ) setzt Ressourcen wirtschaftlich ein

Arbeitsergebnisse (positive Resultate, Nutzen, Erfolge):

( ) hat seine/ihre Ziele immer erreicht

( ) Konkrete Arbeitsergebnisse:

....

....

....

6. Führungsleistung

Managementfähigkeiten:

( ) kann gut planen, strukturieren und organisieren

( ) setzt Mitarbeiter und Material effizient ein

( ) will ständig etwas verbessern und geht neue Wege

Führungsverhalten:

( ) informiert seine/ihre Mitarbeiter

( ) vereinbart Ziele und kontrolliert die Ergebnisse

( ) hat gute Beziehungen zu seinen/ihren Mitarbeitern

( ) Mitarbeiter vertrauen/akzeptieren ihn/sie,
    als Vorgesetzte(r) anerkannt

( ) gibt Impulse und treibt Veränderungen voran

( ) unterstützt die Mitarbeiter bei ihrer Arbeit

( ) delegiert Aufgaben und Verantwortung

( ) gibt den Mitarbeitern Freiräume

( ) fördert die berufliche Entwicklung der Mitarbeiter

Beitrag zum Ganzen (Text):

....

....

....

....

....

....

7. Sozialverhalten

( ) freundlich   ( ) hilfsbereit   ( ) kollegial

( ) pflegt guten Kontakt zu seinen/ihren Kunden/Kollegen/Vorgesetzten

( ) Verhalten gegenüber Vorgesetzten stets korrekt

( ) Zu seinem/ihrem Vorgesetzten besteht ein Vertrauensverhältnis

( ) kommt mit allen gut aus

8. Wird das Ausscheiden bedauert?

( ) ja   ( ) nein

Bitte das ausgefüllte Beurteilungsformular

bis zum .... **an** ....**zurück.**

Beurteilungsbogen Ausbildungszeugnis (Musterformular)

Empfänger: ....
(Beurteiler/Ausbilder)

Mitarbeiter(in):
Frau/Herr .... geb. am ....

Ausbildung: von ....bis ....

als ....

1. Tätigkeiten/Bereiche

....

....

....

....

2. Fachwissen

Fachwissen/Fachkönnen:

( ) Fachwissen über dem Durchschnitt

( ) gute Fachkenntnisse erworben

( ) Fachwissen akzeptabel

( ) intelligent, Lernen fällt ihm/ihr leicht

( ) aufgeweckt und wissbegierig

( ) Weiterbildungskurse:

....

....

Fremdsprachen:
verhandlungssicher/fließend/gut/Schulkenntnisse

....

EDV-Kenntnisse: ....

Besondere fachliche Fähigkeiten:

( ) gutes Zahlenverständnis

( ) geschickt mit den Händen

( ) pädagogisches Geschick

Führungseigenschaften:

( ) übernimmt gerne Verantwortung

( ) kann sich durchsetzen

Geistige und kreative Fähigkeiten, Ausdrucksvermögen:

( ) schnelle Auffassungsgabe

( ) originelle Einfälle

( ) kann logisch denken

( ) besitzt Organisationstalent

( ) gesunder Menschenverstand

( ) intelligent

( ) kann ihre Gedanken klar und anschaulich vermitteln

( ) kann einen Sachverhalt richtig darstellen

3. Soziale Fähigkeiten

Empathie/Auftreten:

( ) besitzt Einfühlungsvermögen   ( ) kann zuhören

( ) sicheres Auftreten   ( ) Selbstvertrauen

Persönlichkeit:

( ) verlässlich   ( ) aufrichtig

( ) vertrauenswürdig   ( ) selbstsicher

( ) sympathisch   ( ) frisch

( ) mutig   ( ) schlagfertig

Kommunikation/Kooperation:

( ) knüpft schnell Kontakte ( ) kommuniziert offen

( ) positive Einstellung ( ) arbeitet aktiv mit

4. Arbeitsverhalten

Arbeitsweise/Arbeitseinsatz:

( ) gewissenhaft ( ) hält Termine ein

( ) belastbar ( ) schnell

( ) effizient ( ) ausdauernd

( ) arbeitet selbstständig nach Einweisung

( ) ist mit Begeisterung bei der Sache

Konkrete Arbeitsergebnisse:

(Zum Beispiel: Er/Sie hat in der Projektgruppe „Kundenfreundliche Öffnungszeiten und flexible Arbeitszeiten" mitgearbeitet, gute Vorschläge gemacht und Teilergebnisse bei der Präsentation der Ergebnisse überzeugend vorgetragen.)

....

....

....

5. Sozialverhalten

( ) freundlich

( ) hilfsbereit

( ) kollegial

( ) hat guten Kontakt zu Ausbildern und Kollegen

( ) Verhalten gegenüber Vorgesetzten stets korrekt

( ) kommt mit allen gut aus

Bitte das ausgefüllte Beurteilungsformular

bis zum .... **an** ....zurück.

Beispiele

Die Vorlagen für diese beiden Beurteilungsbögen finden Sie auf der CD-ROM. Die folgenden drei Beispiele sollen zeigen, wie ein Arbeitszeugnis aussehen kann, das auf der Grundlage eines ausgefüllten Beurteilungsbogens entstanden ist.

Beispiel 1: Außendienstmitarbeiter

Empfänger: *Herr Sommer*
(Beurteilende(r) Vorgesetzte(r))

Mitarbeiter(in): *Herr Thorsten Rode, geb. am 1.7.1972*

Beschäftigt seit: *1.4.1999 als Außendienstmitarbeiter*

1. Aufgaben/Verantwortung

– *Kundenberatung*

– *Aufträge einholen und weiterleiten*

– *Kundenstamm sichern und ausbauen*

– *Gewinnung von Neukunden*

– *Präsentationen von neuen Produkten auf Messen*

– *Telefonverkauf*

2. Anforderungen

Soll:	Ist:
Produktkenntnisse	*entspricht den Erwartungen*
Verkaufstalent, Redege-wandtheit	*hartnäckig, frustrationsstabil, ausdauernd, kann gut erklären*
Kontaktstärke	*offen, geht auf Menschen zu*
Einfühlungsvermögen	*kann sich schnell auf Kunden einstellen*
Sicheres Auftreten/adrette Kleidung	*selbstbewusstes Auftreten, gepflegte Erscheinung*

3. Fachkompetenz

Fachwissen/Fachkönnen: (Zutreffendes bitte ankreuzen)

( ) fachliche Autorität

(✘) fachlich kompetent

( ) liegt weit über dem Durchschnitt

( ) erfüllt die Anforderungen

( ) kann sein/ihr Wissen gut umsetzen

( ) langjährige Berufserfahrung

( ) besitzt Spezialkenntnisse:

....

Fremdsprachen:
verhandlungssicher/fließend/gut/Schulkenntnisse

Englisch: Schulkenntnisse

EDV-Kenntnisse: *Word, Excel*

Weiterbildung (intern, extern):

Telefonverkauf, Neukunden gewinnen

Geistige und kreative Fähigkeiten:

(✘) schnelle Auffassungsgabe

(✘) gesunder Menschenverstand

( ) Verhandlungsgeschick

( ) kann logisch/analytisch denken

( ) kann Konzepte entwerfen

( ) hat gute Ideen

( ) Organisationstalent

( ) planvolles/systematisches Vorgehen

( ) rhetorisch begabt

(✘) kann sich präzise ausdrücken

( ) gutes Urteilsvermögen

( ) besitzt Augenmaß

( ) Sonstiges:

....

....

....

4. Soziale Kompetenz

Essentials:

(✘) anpassungsfähig	(✘) flexibel
(✘) offen für Neues	(✘) optimistische Grundhaltung
(✘) hohe Eigenmotivation	(✘) übernimmt gerne Verantwortung
(✘) loyal	(✘) vertrauenswürdig
(✘) verlässlich	(✘) diszipliniert
(✘) sorgfältig	(✘) gewissenhaft
(✘) lernwillig	(✘) umgänglich

Empathie/Auftreten/Umgang mit Kunden:

(✘) Einfühlungsvermögen	(✘) kann zuhören
(✘) Verkaufstalent	(✘) sicheres Auftreten
(✘) gute Umgangsformen	(✘) Selbstvertrauen

(✘) gepflegte/sympathische Erscheinung

(✘) stellt sich schnell auf Kunden ein

Kommunikation/Kooperation:

(✘) knüpft schnell Kontakte

(✘) kommuniziert offen

(✘) arbeitet konstruktiv mit

(✘) trägt Konflikte offen aus

(✘) kann mit Kritik umgehen

Umgang mit Gefühlen:

( ) reagiert überlegt und sicher

( ) bleibt unter Stress gelassen

( ) reagiert angemessen auf die Gefühle anderer

(✘) kann sich selbst schnell beruhigen

5. Arbeitsleistung

Arbeitsweise/Arbeitseinsatz:

(✘) selbstständig	(✘) schnell	(✘) effizient
(✘) gewissenhaft	( ) engagiert	

( ) hält Termine ein, auch unter Zeitdruck

(✘) plant, organisiert, strukturiert seine/ihre Arbeit

( ) setzt Ressourcen wirtschaftlich ein

Arbeitsergebnisse (positive Resultate, Nutzen, Erfolge):

(✘) hat seine/ihre Ziele immer erreicht

(✘) Konkrete Arbeitsergebnisse:

– *Herr R. konnte seine Stärken (Verkaufstalent, Kontaktstärke) zum Nutzen der Firma einsetzen.*

– *Er konnte ständig Neukunden gewinnen und den Umsatz in seinem Verkaufsbezirk kontinuierlich steigern, im letzten Jahr um fünf Prozent.*

6. Führungsleistung *(entfällt)*

Managementfähigkeiten:

( ) kann gut planen, strukturieren und organisieren

( ) setzt Mitarbeiter und Material effizient ein

( ) will ständig etwas verbessern und geht neue Wege

Führungsverhalten:

( ) informiert seine/ihre Mitarbeiter

( ) vereinbart Ziele und kontrolliert die Ergebnisse

( ) hat gute Beziehungen zu seinen/ihren Mitarbeitern

( ) Mitarbeiter vertrauen/akzeptieren ihn/sie, als Vorgesetzte(r) anerkannt

( ) gibt Impulse und treibt Veränderungen voran

( ) unterstützt die Mitarbeiter bei ihrer Arbeit.

( ) delegiert Aufgaben und Verantwortung

( ) gibt den Mitarbeitern Freiräume

( ) fördert die berufliche Entwicklung der Mitarbeiter

Beitrag zum Ganzen:

....

7. Sozialverhalten

(**✗**) freundlich   (**✗**) hilfsbereit   (**✗**) kollegial

(**✗**) pflegt guten Kontakt zu seinen/ihren Kunden/Kollegen/Vorgesetzten

( ) Verhalten gegenüber Vorgesetzten stets korrekt

( ) Zu seinem/ihrem Vorgesetzten besteht ein Vertrauensverhältnis

(✗) kommt mit allen gut aus

8. Wird das Ausscheiden bedauert?

(✗) ja   ( ) nein

Bitte das ausgefüllte Beurteilungsformular

bis zum .... **an** ....**zurück.**

Zeugnisentwurf

Herr Thorsten Rode, geboren am 1. Juli 1972, ist seit 1. April 1999 als Außendienstmitarbeiter im Großraum Hamburg tätig. Seine Kunden sind hauptsächlich Großküchen und Kantinen.

Seine Aufgaben sind unter anderem:
– Kunden beraten und neue Produkte anbieten
– Aufträge einholen und weiterleiten
– Den Kundenstamm sichern und ausbauen
– Neukunden gewinnen
– Präsentation von neuen Produkten auf Messen
– Telefonverkauf

Neben guten Produktkenntnissen sind Kontaktstärke, Einfühlungsvermögen und Redegewandtheit die wichtigsten Voraussetzungen, um die Aufgaben erfolgreich zu bewältigen.

Herr Rode ist ein erfahrener Verkäufer im Außendienst, der sich ständig weiterbildet. Er hat unter anderem Seminare besucht zu den Themen „Telefonverkauf" und „Gewinnen von Neukunden". Er hat eine schnelle Auffassungsgabe und einen gesunden Menschenverstand. Er kann sich präzise ausdrücken, gut erklären und Kunden überzeugen.

Herr Rode ist anpassungsfähig, flexibel und offen für neue Erfahrungen. Er hat eine optimistische Grundhaltung, ist verlässlich, gewissenhaft und sorgfältig. Er besitzt ein gutes Einfühlungsvermögen, kann zuhören und sich schnell auf Kunden einstellen. Er hat ein selbstbewusstes Auftreten, ist offen und geht auf Menschen zu. Seine Kunden vertrauen ihm.

Herr Rode arbeitet selbstständig, schnell und effizient, auch unter Zeitdruck. Er arbeitet ausdauernd und erreicht immer seine Ziele. Er kann dabei seine Fähigkeiten, wie Kontaktstärke und Verkaufstalent zum Nutzen der Firma einsetzen. Er hat den Umsatz in seinem Verkaufsbezirk ständig gesteigert, allein im letzten Jahr um fünf Prozent.

Herr Rode ist freundlich und hilfsbereit, kommt mit allen gut aus. Er reagiert angemessen auf die Gefühle anderer, kann mit Frustrationen umgehen und sich selbst rasch beruhigen. Zu Kunden, Vorgesetzten und Kollegen hat er gute Beziehungen.

Mit dem heutigen Tag verlässt Herr Rode das Unternehmen auf eigenen Wunsch, was wir sehr bedauern. Wir danken Herrn Rode für seine engagierte Mitarbeit und wünschen ihm auf seinem weiteren Berufsweg alles Gute und weiterhin viel Erfolg.

Ort/Datum
Unterschrift

Beispiel 2: Leiter Controlling

Empfänger: *Herr Winter*
(Beurteilende(r) Vorgesetzte(r))

Mitarbeiter(in): *Herr Jens Tewes, geb. am 2.8.1970*

Beschäftigt seit: *1.4.1998 als Leiter Controlling*

1. Aufgaben/Verantwortung

- *Personalverantwortung (zwei Mitarbeiter)*

- *Kosten- und Leistungsrechnung*

- *Kostenminimierungspläne erstellen*

- *Monats-, Jahres - und Mehrjahresberichte erstellen und kommentieren*

- *Soll-Ist-Vergleiche*

- *Aufbau eines betriebsinternen Informationssystems (EDV)*

2. Anforderungen

Soll:	Ist:
Studium Betriebswirtschaft	*Studium Betriebswirtschaft, Schwerpunkt Controlling*
Führungsqualitäten	*Planen und organisieren, Mitarbeitern Ziele setzen, Empathie, Kommunikation, Kooperation, Teamplayer*
EDV-Kenntnisse	*Excel, Word*
Analytisches, konzeptionelles unternehmerisches Denken	*Konzepte entwickeln, umsetzen, Kosten-bewusstsein erzeugen*

3. Fachkompetenz

Fachwissen/Fachkönnen: (Zutreffendes bitte ankreuzen)

( ) fachliche Autorität

(✗) fachlich kompetent

( ) liegt weit über dem Durchschnitt

( ) erfüllt die Anforderungen

(✗) kann sein/ihr Wissen gut umsetzen

( ) besitzt Spezialkenntnisse

( ) langjährige Berufserfahrung

Fremdsprachen:
verhandlungssicher/fließend/gut/Schulkenntnisse

Englisch: fließend

EDV-Kenntnisse: *Excel, Word*

Weiterbildung (intern, extern):

Führungsseminare: Gesprächsführung, Teamarbeit, Arbeitsrecht

Geistige und kreative Fähigkeiten:

(✗) schnelle Auffassungsgabe

( ) gesunder Menschenverstand

( ) Verhandlungsgeschick

(✗) kann logisch/analytisch denken

( ) kann Konzepte entwerfen

(✗) hat gute Ideen

(✗) Organisationstalent

(✗) planvolles/systematisches Vorgehen

(✗) rhetorisch begabt

( ) kann sich präzise ausdrücken

(✗) gutes Urteilsvermögen

( ) besitzt Augenmaß

( ) Sonstiges:

4. Soziale Kompetenz

Essentials:

(✗) anpassungsfähig	(✗) flexibel
(✗) offen für Neues	(✗) optimistische Grundhaltung
(✗) hohe Eigenmotivation	(✗) übernimmt gerne Verantwortung
(✗) loyal	(✗) vertrauenswürdig
(✗) verlässlich	(✗) diszipliniert
(✗) sorgfältig	(✗) gewissenhaft
(✗) lernwillig	(✗) umgänglich

Empathie/Auftreten/Umgang mit Kunden:

(✗) Einfühlungsvermögen	(✗) kann zuhören
( ) Verkaufstalent	(✗) sicheres Auftreten
(✗) gute Umgangsformen	(✗) Selbstvertrauen

(✗) gepflegte / sympathische Erscheinung

( ) stellt sich schnell auf Kunden ein

Kommunikation/Kooperation:

( ) knüpft schnell Kontakte

(✗) kommuniziert offen

(✗) arbeitet konstruktiv mit

(✗) trägt Konflikte offen aus

(✗) kann mit Kritik umgehen

Umgang mit Gefühlen:

( ) reagiert überlegt und sicher

( ) bleibt unter Stress gelassen

(✗) reagiert angemessen auf die Gefühle anderer

( ) kann sich selbst schnell beruhigen

5. Arbeitsleistung

Arbeitsweise/Arbeitseinsatz:

(✗) selbstständig   (✗) schnell   (✗) effizient

(✗) gewissenhaft   (✗) engagiert

(✗) hält Termine ein, auch unter Zeitdruck

( ) plant, organisiert, strukturiert seine/ihre Arbeit

(✗) setzt Ressourcen wirtschaftlich ein

Arbeitsergebnisse (positive Resultate, Nutzen, Erfolge):

(✗) hat seine/ihre Ziele immer erreicht

(✗) Konkrete Arbeitsergebnisse:

– *Herr Tewes hat eine Kosten- und Leistungsrechnung aufgebaut und eine neue, integrierte Software eingeführt.*

– *Es ist ihm gelungen, im Unternehmen ein Kostenbewusstsein zu erzeugen und die Materialkosten um fünf Prozent zu senken. Durch die regelmäßigen monatlichen Soll-Ist-Vergleiche konnten die vereinbarten Ziele erreicht werden.*

6. Führungsleistung

Managementfähigkeiten:

(✗) kann gut planen, strukturieren und organisieren

( ) setzt Mitarbeiter und Material effizient ein

( ) will ständig etwas verbessern und geht neue Wege

Führungsverhalten:

(✗) informiert seine/ihre Mitarbeiter

(✗) vereinbart Ziele und kontrolliert die Ergebnisse

(✗) hat gute Beziehungen zu seinen/ihren Mitarbeitern

(✗) Mitarbeiter vertrauen/akzeptieren ihn/sie,
als Vorgesetzte(r) anerkannt

(✗) gibt Impulse und treibt Veränderungen voran

(✗) unterstützt die Mitarbeiter bei ihrer Arbeit.

( ) delegiert Aufgaben und Verantwortung

( ) gibt den Mitarbeitern Freiräume

(✗) fördert die berufliche Entwicklung der Mitarbeiter

Beitrag zum Ganzen: *Herr Tewes hat wesentlich dazu beigetragen, dass sich im Unternehmen ein Kostenbewusstsein entwickelt. Durch die Soll-Ist-Vergleiche in allen Bereichen konnten die Kosten transparent gemacht und in Einzelbereichen stark reduziert werden.*

7. Sozialverhalten

(✗) freundlich   (✗) hilfsbereit   (✗) kollegial

(✗) pflegt guten Kontakt zu seinen/ihren Kunden/Kollegen/Vorgesetzten

( ) Verhalten gegenüber Vorgesetzten stets korrekt

(✗) Zu seinem/ihrem Vorgesetzten besteht ein Vertrauensverhältnis

( ) kommt mit allen gut aus

8. Wird das Ausscheiden bedauert?

(✗) ja   ( ) nein

Bitte das ausgefüllte Beurteilungsformular

bis zum .... **an** ....**zurück.**

Zeugnisentwurf

Herr Jens Tewes, geboren am 2. August 1970, ist seit 1. April 1998 als Leiter Controlling für uns tätig.

Aufgaben/Verantwortung:
- Personalverantwortung (zwei Mitarbeiter)
- Kosten- und Leistungsrechnung
- Kostenminimierungspläne erstellen
- Monats-, Jahres- und Mehrjahresberichte erstellen und kommentieren
- Soll-Ist-Vergleiche
- Aufbau eines betriebsinternen Informationssystems (EDV)

Für diese Aufgaben sind ein Studium der Betriebswirtschaft, gute englische Sprachkenntnisse und Führungsqualitäten erforderlich.

Herr Tewes ist fachlich kompetent und kann sein Wissen gut umsetzen. Er spricht fließend englisch, was bei der internationalen Ausrichtung unseres Unternehmens sehr nützlich ist.

Sein Fachwissen hat er stets aktualisiert. Er hat unter anderem Seminare besucht zu den Themen Gesprächsführung, Teamarbeit und Arbeitsrecht.

Herr Tewes kann logisch denken, hat gute Ideen und entwickelt Konzepte, die diskutiert, erprobt und realisiert werden. Er plant und organisiert seine Arbeit, beherrscht die freie Rede und kann seine Gedanken eindrucksvoll vermitteln. Er besitzt Augenmaß und ist besonnen im Urteil.

Herr Tewes ist ein vertauenswürdiger und loyaler Mitarbeiter. Er ist zuverlässig, hält Termine ein, ist sehr diszipliniert und hat seine Gefühle unter Kontrolle. Er hat ein sicheres Auftreten, zeigt Einfühlungsvermögen und kann zuhören. Er arbeitet konstruktiv mit anderen zusammen, kommuniziert offen, trägt Konflikte fair aus und kann mit Kritik umgehen. Er reagiert angemessen auf die Gefühle seiner Gesprächspartner.

Herr Tewes arbeitet selbstständig und effizient, auch unter Termindruck. Er setzt Ressourcen wirtschaftlich ein und erreicht stets seine Ziele. Er hat unter anderem eine Kosten- und Leistungsrechnung aufgebaut und eine neue Software eingeführt. Es ist ihm gelungen, die Materialkosten um fünf Prozent zu senken. Durch die regelmäßigen Soll-Ist-Vergleiche konnten die gesteckten Ziele erreicht werden.

Seinen Mitarbeitern gibt Herr Tewes Impulse und treibt Veränderungen voran. Dabei hilft er, Ängste abzubauen, Vertrauen aufzubauen und Zuversicht zu verbreiten. Er informiert seine Mitarbeiter rechtzeitig, vereinbart Ziele und Leistungsstandards und kontrolliert die Ergebnisse. Er fördert die Entwicklung seiner Mitarbeiter, ermuntert sie, neue Aufgaben zu übernehmen und sich weiterzubilden. Er hat gute

Beziehungen zu seinen Mitarbeitern, es herrscht ein entspanntes Arbeitsklima. Herr Tewes ist als Vorgesetzter anerkannt, die Mitarbeiter vertrauen ihm.

Sein wesentlicher Beitrag zum Gesamtergebnis des Unternehmens besteht vor allem darin, dass sich ein Kostenbewusstsein im ganzen Betrieb entwickelt hat. Durch die ständigen Soll-Ist-Vergleiche in allen Bereichen konnten die Kosten transparent gemacht und gesenkt werden.

Zu seinen Kollegen und Mitarbeitern pflegt Herr Tewes guten Kontakt. Zu seinem Vorgesetzten besteht ein Vertrauensverhältnis.

Mit dem heutigen Tag verlässt Herr Tewes unser Unternehmen auf eigenen Wunsch. Wir bedauern dies, danken ihm für die engagierte und erfolgreiche Mitarbeit und wünschen ihm für seinen weiteren Berufsweg alles Gute.

Ort/Datum
Unterschrift

Beispiel 3: Auszubildende Bürokauffrau

Empfänger: *Herr Herbst*
(Beurteiler/Ausbilder)

Mitarbeiter(in):
Frau Tina Schwarz, geb. am 1.7.1983

Ausbildung: *von 1.8.2000 bis 25.6.2002 zur Bürokauffrau*

1. Tätigkeiten/Bereiche

– *Einkauf*

– *Personalabteilung (Lohn- und Gehaltsabrechnung)*

– *Vertrieb (Großhandel)*

– *Lager*

– *Buchhaltung (Debitoren, Kreditoren)*

2. Fachwissen

Fachwissen/Fachkönnen:

( ) Fachwissen über dem Durchschnitt

(✘) gute Fachkenntnisse erworben

( ) Fachwissen akzeptabel

( ) intelligent, Lernen fällt ihn/ihr leicht

(✘) aufgeweckt und wissbegierig

(✘) Weiterbildungskurse: *Excel*

Fremdsprachen:
verhandlungssicher/fließend/gut/Schulkenntnisse

Englisch: Schulkenntnisse

EDV-Kenntnisse: *MS-Office, Internet*

Besondere fachliche Fähigkeiten:

( ) gutes Zahlenverständnis

( ) geschickt mit den Händen

(✗) pädagogisches Geschick, kann gut erklären

Führungseigenschaften:

(✗) übernimmt gerne Verantwortung

(✗) kann sich durchsetzen

Geistige und kreative Fähigkeiten, Ausdrucksvermögen:

(✗) schnelle Auffassungsgabe

(✗) originelle Einfälle

( ) kann logisch denken

(✗) besitzt Organisationstalent

(✗) gesunder Menschenverstand

(✗) intelligent

(✗) kann ihre Gedanken klar und anschaulich vermitteln

( ) kann einen Sachverhalt richtig darstellen

3. Soziale Fähigkeiten

Empathie/Auftreten:

(✗) besitzt Einfühlungsvermögen   (✗) kann zuhören

(✗) sicheres Auftreten   (✗) Selbstvertrauen

Persönlichkeit:

(✘) verlässlich	( ) aufrichtig
(✘) vertrauenswürdig	(✘) selbstsicher
( ) sympathisch	( ) frisch
( ) mutig	( ) schlagfertig

Kommunikation/Kooperation:

(✘) knüpft schnell Kontakte	(✘) kommuniziert offen
(✘) positive Einstellung	(✘) arbeitet aktiv mit

4. Arbeitsverhalten

Arbeitsweise/Arbeitseinsatz:

(✘) gewissenhaft	(✘) hält Termine ein
(✘) belastbar	(✘) schnell
(✘) effizient	(✘) ausdauernd

(✘) arbeitet selbstständig nach Einweisung

(✘) sie ist mit Begeisterung bei der Sache

Konkrete Arbeitsergebnisse:

Sie hat in der Projektgruppe „Kundenfreundliche Öffnungszeiten und flexible Arbeitszeiten" mitgearbeitet, gute Vorschläge gemacht und Teilergebnisse bei der Präsentation der Ergebnisse überzeugend vorgetragen.

5. Sozialverhalten

(✘) freundlich

(✘) hilfsbereit

(✗) kollegial

(✗) hat guten Kontakt zu Ausbildern und Kollegen

( ) Verhalten gegenüber Vorgesetzten stets korrekt

(✗) kommt mit allen gut aus

Bitte das ausgefüllte Beurteilungsformular

bis zum .... **an** ....**zurück.**

Ausbildungszeugnis

Frau Tina Schwarz, geboren am 1.7.1983, wurde in unserem Unternehmen vom 1.8.2000 bis 25.6.2002 zur Bürokauffrau ausgebildet. Wegen guter Leistungen wurde die Ausbildungszeit auf zwei Jahre verkürzt.

Nach der Ausbildungsverordnung wurden Kenntnisse und Fertigkeiten in folgenden Bereichen vermittelt:
– Einkauf
– Allgemeine Verwaltung
– Personalabteilung (Lohn- und Gehaltsabrechnung)
– Vertrieb (Großhandel)
– Lager
– Buchhaltung (Debitoren, Kreditoren)

Frau Schwarz ist eine aufgeweckte, wissbegierige junge Frau, die sich in der Ausbildungszeit gute Fachkenntnisse angeeignet hat. Sie kann mit dem PC umgehen, hat in ihrer Freizeit einen Excel-Kurs besucht und besitzt gute Internet-Anwenderkenntnisse. Bei der Einweisung neuer Mitarbeiter am PC zeigt sie pädagogisches Geschick. Sie kann anschaulich formulieren und gut erklären. Sie kann zuhören, besitzt Einfühlungsvermögen und hat Selbstvertrauen. Sie ist vertrauenswürdig und verlässlich, knüpft schnell Kontakt und kommuniziert offen. Sie hat eine positive Einstellung zu ihrem Beruf und arbeitet aktiv mit. Nach Einarbeitung arbeitet sie selbstständig und effizient. Sie ist belastbar, ausdauernd und hält Termine ein. Sie ist mit Begeisterung bei der Sache. Sie hat unter anderem in der Projektgruppe „Kundenfreundliche Öffnungszeiten und flexible Arbeitszeiten" mitgearbeitet, gute Vorschläge gemacht und Teilergebnisse bei der Präsentation überzeugend vorgetragen.

Frau Schwarz ist freundlich und hilfsbereit. Sie pflegt gute Kontakte zu Ausbildern und Kollegen. Ihr Verhalten zu Vorgesetzten ist stets korrekt und loyal.

Ihre Abschlussprüfung hat Frau Schwarz mit „gut" bestanden. Wir freuen uns, sie in ein unbefristetes Arbeitsverhältnis zu übernehmen und als Sachbearbeiterin in der Personalabteilung einzusetzen. Sie wird dort nach Bestehen der Ausbilder-Eignungsprüfung unter anderem die Betreuung der kaufmännischen Auszubildenden übernehmen.

Ort/Datum
Unterschrift

Formulierungshilfen

Arbeitszeugnisse für Fach- und Führungskräfte

Einleitung

▸ Frau ..., geboren am ..., ist seit dem ... als ... bei uns beschäftigt.

▸ Frau ..., geboren am ..., ist am ... in unser Unternehmen eingetreten.

▸ Frau ..., geboren am ..., ist am ... in unser Unternehmen eingetreten. Sie hat bei uns eine Ausbildung als ... mit Erfolg abgeschlossen. Über diese Ausbildung wurde bereits ein Zeugnis ausgestellt. Wir haben Frau ... in ein befristetes/unbefristetes Arbeitsverhältnis übernommen. Sie ist seit ... als ... beschäftigt.

▸ Frau ... ist seit dem ... als ... bei uns beschäftigt. Das Arbeitsverhältnis ist von Anfang an befristet.

▸ Frau ... war vom ... bis ... als ... bei uns tätig.

Aufgaben/Verantwortung

– Personalverantwortung (... Mitarbeiter)

– Gesamtprokura oder Handlungsvollmacht

– Budgetverantwortung (... Millionen)

– Verantwortlich für den Rohstoffeinkauf
(Volumen ... Millionen)

▸ Die wichtigsten Anforderungen: Erfahrung im Einkauf, Führungserfahrung, Verhandlungsgeschick, Englisch verhandlungssicher.

Fachkompetenz

Fachwissen/Fachkönnen

▶ Frau … ist auf ihrem Gebiet eine Autorität.

▶ Frau … ist fachlich kompetent. Sie hat ein exzellentes Fachwissen, das sie auch umsetzen kann.

▶ Sie ist eine erfahrene Fachfrau, die ihr Wissen gut umsetzen kann.

▶ Sie kann ihr ausgezeichnetes Fachwissen gut in die Praxis umsetzen.

▶ Sie besitzt Spezialkenntnisse auf dem Gebiet …

▶ Ihr Fachwissen liegt weit über dem Durchschnitt.

▶ Sie hat ein akzeptables Fachwissen.

▶ Sie erfüllt die fachlichen Voraussetzungen.

▶ Ihr Fachwissen entspricht voll den Anforderungen.

▶ Ihr Fachwissen liegt über dem Durchschnitt.

▶ Frau … ist fachlich versiert. Sie besitzt eine langjährige Berufserfahrung und setzt ihr Können gut um.

▶ Ihr fachliches Können übertrifft die Anforderungen.

▶ Sie besitzt handwerkliches Geschick und hat viel Erfahrung auf ihrem Gebiet.

▶ Sie ist fachlich kompetent und löst auch schwierige Aufgaben und Probleme.

Sprachkenntnisse

▶ Sie besitzt gute französische Sprachkenntnisse.

▶ Sie hat gute Englischkenntnisse in Wort und Schrift.

▶ Sie spricht fließend spanisch.

▶ Ihr Russisch ist verhandlungssicher.

▶ Sie verfügt über gute EDV-Kenntnisse.

▶ Sie hat gute SAP-Kenntnisse (SAP R/3).

▶ Sie beherrscht den PC (MS-Office).

▶ Sie kann gut mit dem PC umgehen und beherrscht Word und Excel.

▶ Sie arbeitet in der Gehaltsabrechnung mit Paisy.

Weiterbildung

▶ Sie hat sich beruflich weitergebildet und ist in ihrem Fachgebiet auf der Höhe der Zeit. Sie hat interne und externe Kurse und Seminare besucht, unter anderem zu den Themen ...

▶ Sie hat ständig etwas für ihre Weiterbildung getan. Sie hat sich in Abendkursen auf die IHK-Prüfung „Personalfachfrau" vorbereitet und diese erfolgreich abgeschlossen.

▶ Sie ist lernwillig und hat freiwillig Seminare besucht zu den Themen ...

▶ Sie ist stets auf dem neuesten Stand in ihrem Fachgebiet. Sie liest Fachliteratur und besuchte Seminare, unter anderem ...

▶ Sie hat erfolgreich PC-Kurse besucht und sich Kenntnisse angeeignet in ...

▶ Sie hat ihre englischen Sprachkenntnisse im Selbststudium und durch einen Ferien-Sprachkurs in Irland erheblich verbessert. Sie schreibt inzwischen selbstständig Briefe an amerikanische Geschäftspartner.

Geistige und kreative Fähigkeiten

▶ Sie hat eine gute Auffassungsgabe und weiß schnell, worauf es ankommt.

▶ Sie hat einen gesunden Menschenverstand und geht praktisch an die Lösung von Aufgaben und Problemen heran.

▶ Sie geht logisch und systematisch an die Dinge heran, entwickelt Konzepte und setzt sie in die Praxis um.

▶ Sie kann komplizierte Arbeitsabläufe analysieren und neu strukturieren.

- Sie hat gute Ideen, die sie auch als Verbesserungsvorschläge einreicht und die in einigen Fällen sehr erfolgreich gewesen sind.
- Sie hat originelle Einfälle und liefert gute Beiträge bei der Arbeit im Team.
- Sie entwickelt Konzepte, die diskutiert, erprobt und realisiert werden.
- Sie hat Organisationstalent. Sie hat zum Beispiel wesentlichen Anteil am Gelingen der Jahrestagung für den Außendienst.
- Sie plant und organisiert ihre Arbeit.
- Bei der Einarbeitung neuer Mitarbeiter zeigt sie viel Geduld und pädagogisches Geschick.
- Sie bereitet sich gründlich vor, vermittelt den Stoff anschaulich, kann gut erklären und hat Einfluss auf die Auszubildenden.
- Sie ist rhetorisch begabt und kann andere überzeugen.
- Sie bereitet Präsentationen professionell vor und kann die Ergebnisse ihrer Projektarbeit anschaulich darstellen.
- Sie beherrscht die freie Rede und kann ihre Gedanken eindrucksvoll vermitteln.
- Sie kann sich verständlich ausdrücken und einen Sachverhalt richtig vermitteln.
- Sie trägt ihre Gedanken gut strukturiert und leicht verständlich vor.
- Sie bringt den Sachverhalt auf den Punkt. Sie formuliert klar und anschaulich.
- Ihre Berichte, Briefe und E-Mails sind übersichtlich gegliedert und präzise formuliert.
- Sie bereitet sich auf Sitzungen gründlich vor und trägt ihre Ideen und Gedanken anschaulich vor.
- Ihr Briefstil ist lebendig und kommt bei unseren Kunden gut an.
- Sie bereitet sich intensiv auf Verhandlungen vor, sammelt Informationen, legt das gewünschte Ziel fest, reagiert flexibel auf

Argumente der Verhandlungspartner, verliert ihr Ziel nicht aus den Augen und erzielt gute Erfolge.

▶ Sie verhandelt geschickt und erzielt sehr gute Erfolge. Es ist ihr gelungen, ...

▶ Sie argumentiert bei Verhandlungen überzeugend, bleibt dabei immer fair, wahrt die Interessen der Firma und erzielt gute Resultate.

▶ Sie verhandelt klug und erzielt Ergebnisse, mit denen beide Seiten zufrieden sind.

▶ Sie schätzt Situationen realistisch ein und kommt zu einem sicheren Urteil.

▶ Sie besitzt Augenmaß und ist besonnen im Urteil.

▶ Sie ist eigenständig, überlegt und sicher im Urteil.

Soziale Kompetenz

Lern- und Veränderungsbereitschaft

▶ Sie ist anpassungsfähig, lernwillig und reagiert flexibel auf Veränderungen.

▶ Sie ist offen für neue Erfahrungen, sehr beweglich und stellt sich schnell auf neue Situationen ein.

Leistungs- und Verantwortungsbereitschaft

▶ Sie besitzt eine hohe Eigenmotivation, hat eine optimistische Grundhaltung und eine gute Meinung von sich selbst.

▶ Sie hat großes Vertrauen in die eigene Leistungsfähigkeit und übernimmt bereitwillig Verantwortung.

▶ Sie ist loyal, vertrauenswürdig und hat eine positive Einstellung zur Arbeit.

Verlässlichkeit/Gewissenhaftigkeit

▶ Sie ist zuverlässig und hält Verabredungen und Termine ein.

▶ Sie ist sehr diszipliniert und hat ihre Gefühle unter Kontrolle.

▶ Sie arbeitet gewissenhaft und sorgfältig.

Kooperationsvermögen

▶ Sie ist verträglich und kommt gut mit anderen zurecht.

▶ Sie ist umgänglich, kommuniziert offen und geht auf Menschen zu.

Empathie, Umgang mit Kunden, Auftreten

▶ Sie zeigt Empathie und kann zuhören.

▶ Sie interessiert sich für andere Menschen.

▶ Sie hat Feingefühl und kommt mit den unterschiedlichsten Menschen zurecht.

▶ Sie besitzt Einfühlungsvermögen, hat ein Gespür für die Reaktion der Kunden und kann sich darauf einstellen.

▶ Sie kann sich auf Kunden unterschiedlichster Herkunft und Bildung einstellen.

▶ Sie hat ein gutes Einfühlungsvermögen und weiß, was Kunden wollen.

▶ Sie hat eine positive Ausstrahlung und kann Kunden für sich gewinnen.

▶ Sie setzt alles daran, auch ungewöhnliche Kundenwünsche zu erfüllen.

▶ Sie hat ein Gespür für die Reaktion der Kunden, versteht ihre Gefühle und stellt sich schnell darauf ein.

▶ Sie ist eine talentierte Mitarbeiterin im Außendienst, die klar und prägnant die Vorzüge unserer Produkte in Kernaussagen darstellt.

▶ Sie ist ein Verkaufstalent, verfolgt konsequent ihre Ziele, von denen sie sich auch durch Rückschläge nicht abbringen lässt.

▶ Sie hat ein sicheres Auftreten und gute Umgangsformen.

▶ Sie ist eine sympathische Erscheinung, tritt selbstsicher auf und ist höflich und hilfsbereit.

▸ Sie hat Selbstvertrauen, weiß, was sie will, und kann sich durchsetzen.

▸ Sie verfolgt beharrlich ihre Ziele und kann sich gegen Widerstände behaupten.

Kommunikation/Kooperation

▸ Sie knüpft schnell Kontakte und pflegt Beziehungen.

▸ Sie findet leicht Kontakt, ist offen in der Kommunikation und kann gut mit Kritik umgehen.

▸ Sie geht auf Menschen zu und kommt schnell mit ihnen ins Gespräch.

▸ Sie hat eine erfrischende Art, mit Kunden zu sprechen.

▸ Sie ist umgänglich, arbeitet aktiv im Team mit und bringt die Gruppe voran.

▸ Sie ist offen, kommunikativ und wird im Team akzeptiert.

▸ Sie arbeitet gern im Team, unterstützt Kollegen, gibt Impulse und übernimmt Verantwortung.

▸ Sie arbeitet konstruktiv mit, nimmt die Ideen der anderen auf und macht eigene Vorschläge.

▸ Sie trägt Konflikte offen aus, sucht den Ausgleich und konstruktive Lösungen.

▸ Sie reagiert auf Kritik, kann damit umgehen und zieht Konsequenzen.

▸ Sie ist bereit, sich mit Konflikten auseinanderzusetzen, Lösungen zu diskutieren und vernünftige Kompromisse zu schließen.

▸ Sie übernimmt bei Konflikten gerne die Rolle der Moderatorin. Mit ihrer ausgeglichenen Art gelingt es ihr, Lösungen zu finden, die alle Beteiligten akzeptieren.

Umgang mit Gefühlen

▸ Sie reagiert auch in emotional aufgeladenen Situationen überlegt und beherrscht.

▶ Sie bewahrt auch unter Stress ihre Gelassenheit und bleibt in der Hitze des Gefechts ruhig und selbstsicher.

▶ Sie erholt sich schnell von Enttäuschungen, gibt die Hoffnung nicht auf, weiß aber, wem sie vertrauen kann.

▶ Sie reagiert angemessen auf die Gefühle ihrer Gesprächspartner, kann sich selbst schnell beruhigen und schlechte Stimmungen überwinden.

Arbeitsleistung

Arbeitsweise/Arbeitseinsatz

▶ Sie arbeitet selbstständig, schnell, sorgfältig, effizient und erzielt sehr gute Ergebnisse.

▶ Sie arbeitet auch unter Termindruck überlegt und sicher.

▶ Sie behält auch unter Zeitdruck einen klaren Kopf.

▶ Sie arbeitet gewissenhaft und verantwortungsbewusst. Sie vergisst nichts Wichtiges.

▶ Sie ist flexibel und kommt mit unvorhersehbaren Situationen gut zurecht.

▶ Sie ist fleißig und hält Termine ein.

▶ Sie versteht es, ihre Arbeit zu planen, zu strukturieren und zu organisieren.

▶ Sie arbeitet zügig und äußerst zuverlässig.

▶ Sie arbeitet sehr engagiert und schaut dabei nicht auf die Uhr.

▶ Sie ist belastbar und bewältigt hohen Arbeitsanfall.

▶ Sie hat ihre Aufgaben gut organisiert und setzt Ressourcen wirtschaftlich ein.

Arbeitsergebnisse (positive Resultate, Erfolge, Nutzen)

▶ Sie packt ihre Aufgaben tatkräftig an und bringt sie auch unter schwierigen Bedingungen zu einem guten Abschluss.

▶ Sie verfolgt mit Ausdauer ihre Ziele und kommt zu guten Ergebnissen.

▶ Sie ist mit ihrer Aufgabe gewachsen und selbstsicherer und souveräner geworden.

▶ Sie hat ihre Fähigkeit zur Moderation/Präsentation erheblich verbessert. Das wirkt sich positiv auf die Kundenbeziehungen aus.

▶ Sie hat immer ihre Ziele erreicht und damit einen nützlichen Beitrag zum Ganzen geleistet.

▶ Sie hat mit ihrem Engagement wesentlich zum positiven Gesamtergebnis beigetragen.

Konkrete Arbeitsergebnisse

▶ Sie hat dafür gesorgt, dass unsere Qualitätsstandards aktualisiert und eingehalten werden.

▶ Sie hat den Umsatz in ihrem Verkaufsbezirk gegenüber dem Vorjahr um x Prozent gesteigert, was auch die Erträge erheblich erhöht hat.

▶ Ihre Vorschläge zur Neustrukturierung haben dazu geführt, dass die Overhead-Kosten erheblich gesenkt worden sind.

▶ Sic konnte ihre bisherigen Kunden pflegen und neue hinzugewinnen.

▶ Die Ergebnisse der Projektarbeit „Arbeitszeitflexibilisierung" haben unter ihrer Leitung zu einer besseren Anpassung von Öffnungs- und Arbeitszeiten geführt und damit zu mehr Kundenzufriedenheit.

▶ Sie hat Verbesserungsvorschläge gemacht, die wesentlich dazu beigetragen haben, dass die Reklamationsrate stark gesunken ist.

▶ Sie hat ihren Arbeitsplatz neu organisiert, die Arbeitsabläufe gestrafft und neue Aufgaben übernommen, was zu einer Steigerung der Arbeitseffizienz geführt hat.

▶ Unter ihrer Federführung wurde das EDV-System SAP R/3 neu eingeführt, was dazu beigetragen hat, das Unternehmen wettbewerbsfähiger zu machen.

Führungsleistung

Managementfähigkeiten, Methodenkompetenz, Organisation

▶ Schwierige Mitarbeitergespräche führt sie mit Geschick und Fingerspitzengefühl.

▶ Sie denkt unternehmerisch und setzt Mitarbeiter und Material effizient ein.

▶ Sie hat ein gutes Gespür und eine sichere Hand bei Auswahl und Einsatz ihrer Mitarbeiter.

▶ Sie nutzt Konflikte als Chance, die Situation zu klären und Veränderungen einzuleiten.

▶ Sie plant und organisiert ihren Verantwortungsbereich systematisch.

▶ Sie teilt ihre Zeit ökonomisch ein und macht das Wichtigste zuerst.

▶ Sie sucht ständig nach Möglichkeiten, die Arbeitsabläufe zu straffen und die Aufgaben besser zu bewältigen. Sie geht dabei auch neue Wege.

Führungsverhalten, Mitarbeiterbeziehungen

▶ Sie informiert ihre Mitarbeiter rechtzeitig und umfassend, vereinbart Ziele und kontrolliert die Ergebnisse.

▶ Sie hat guten Kontakt zu ihren Mitarbeitern. Das Arbeitsklima ist entspannt. Die Mitarbeiter haben Vertrauen zu ihr.

▶ Sie ermuntert ihre Mitarbeiter, eigene Vorschläge zu machen, und unterstützt sie dabei, eigene Lösungen zu finden.

▶ Sie trifft klare Entscheidungen und setzt sie durch.

▶ Sie hört den Mitarbeitern zu, zeigt Empathie und unterstützt sie dabei, eigene Lösungen zu finden.

▶ Sie gibt Impulse und treibt Veränderungen voran. Dabei hilft sie, Ängste abzubauen, Vertrauen aufzubauen und Zuversicht zu verbreiten.

▶ Sie unterstützt ihre Mitarbeiter bei ihren Aufgaben und vermittelt ihnen das Gefühl, dass ihre Arbeit wichtig ist.

▶ Sie delegiert Aufgaben und Verantwortung, hat Vertrauen in die Fähigkeiten ihrer Mitarbeiter und gibt ihnen Freiräume für eigene Entscheidungen.

▶ Mit ihrem ruhigen und ausgeglichenen Wesen gelingt es ihr, Streit zu schlichten und Konflikte vernünftig zu lösen.

▶ Sie sagt ihren Mitarbeitern, was sie von ihnen erwartet, und gibt ihnen eine Rückmeldung über ihre Leistung.

▶ Sie fördert die Entwicklung ihrer Mitarbeiter, unterstützt sie, neue Aufgaben zu übernehmen und sich weiterzubilden.

▶ Sie hat ein partnerschaftliches Verhältnis zu ihren Mitarbeitern, ist offen für Kritik und gesteht eigene Fehler ein. Es besteht ein gegenseitiges Vertrauensverhältnis.

Beitrag zum Ganzen:

▶ Sie hat fähige Mitarbeiter eingestellt, den Außendienst neu strukturiert und ein neues Team aufgebaut. Es ist ihr gelungen, den Kundenstamm zu pflegen, neue Kunden zu gewinnen und den Marktanteil wesentlich zu erhöhen. Sie hat dazu beigetragen, dass der Umsatz in den letzten Jahren beträchtlich gestiegen und das Ergebnis erheblich verbessert worden ist.

▶ Sie hat dafür gesorgt, dass sich die Mitarbeiter des Unternehmens beruflich weiterentwickeln und die Führungspositionen weitgehend aus eigenen Reihen besetzt werden konnten.

Sozialverhalten (Führung)

▶ Sie ist offen, ehrlich und kollegial. Zu ihrem Vorgesetzten besteht ein Vertrauensverhältnis.

▶ Ihr Verhalten gegenüber ihrem Vorgesetzten ist stets korrekt.

▶ Sie kommt mit ihrem Vorgesetzten gut aus. Sie verhält sich immer loyal.

- Sie ist freundlich und hilfsbereit. Sie hat ein gutes Verhältnis zu ihren Kollegen und Mitarbeitern.
- Sie kommt mit allen gut aus. Sie arbeitet mit Vorgesetzten, Kollegen und Mitarbeitern konstruktiv zusammen.
- Sie pflegt gute Beziehungen zu Kollegen und Mitarbeitern.
- Zu Kunden und Geschäftsfreunden pflegt sie partnerschaftliche Kontakte.
- Kunden schätzen die angenehme Zusammenarbeit mit ihr.
- Sie ist immer freundlich und hilfsbereit.

Abschlusssatz, Grund des Ausscheidens

- Frau … verlässt mit dem heutigen Tag unser Unternehmen auf eigenen Wunsch. Wir bedauern dies, danken ihr für die engagierte Mitarbeit und wünschen ihr für die Zukunft alles Gute und weiterhin viel Erfolg.
- Mit dem heutigen Tag verlässt uns Frau … auf eigenen Wunsch, was wir sehr bedauern. Wir danken ihr für die konstruktive Mitarbeit und wünschen ihr auf ihrem weiteren Berufsweg viel Erfolg.
- Frau … verlässt das Unternehmen heute auf eigenen Wunsch. Wir danken ihr für die gute Zusammenarbeit und wünschen ihr für die Zukunft alles Gute und viel Erfolg.
- Das Arbeitsverhältnis endet durch Fristablauf. Leider können wir Frau … keinen Anschlussvertrag anbieten. Wir danken ihr für die Mitarbeit und wünschen ihr für die Zukunft alles Gute.
- Das Arbeitsverhältnis wird heute aus betrieblichen Gründen beendet. Wir bedauern, dass es zu dieser Entwicklung gekommen ist, danken Frau … für ihre Mitarbeit und wünschen ihr für die Zukunft alles Gute.
- Das Zwischenzeugnis wird auf Wunsch der Mitarbeiterin ausgestellt.

Formulierungshilfen für Auszubildungszeugnisse

Einleitung

▶ Frau ..., geboren am ..., hat am ... eine Ausbildung als ... bei uns begonnen.

▶ Frau ..., geboren am ..., wurde am ... als Auszubildende für den Beruf ... eingestellt.

▶ Frau ..., geboren am ..., hat am ... eine Ausbildung als ... bei uns angefangen. Die Ausbildungsdauer beträgt drei Jahre.

▶ Frau ..., geboren am ..., hat bei uns von ... bis ... den Beruf ... erlernt. Sie wurde wegen guter Leistungen vorzeitig zur Abschlussprüfung zugelassen.

▶ Frau ..., geboren am ..., wurde in unserem Unternehmen von ... bis ... zur ... ausgebildet.

▶ Frau ..., geboren am ..., wurde bei uns von ... bis ... für den Beruf ... ausgebildet. Es wurden die Fertigkeiten und Kenntnisse nach der Ausbildungsordnung vermittelt. Frau ... hat folgende Tätigkeiten/Bereiche kennengelernt:

Fachwissen/Fachkönnen

▶ Frau ... hat sich ein Fachwissen erworben, das weit über dem Durchschnitt liegt.

▶ Sie ist auf ihrem Fachgebiet sehr kompetent und kann ihr Wissen gut umsetzen.

▶ Sie kann ihr ausgezeichnetes Fachwissen gut umsetzen.

▶ Sie ist sehr lernfreudig und hat freiwillig an folgenden Seminaren teilgenommen: ...

▶ Sie ist intelligent, das Lernen fällt ihr leicht. Sie hat interne Kurse besucht zu den Themen ...

▶ Ihr Fachwissen liegt über dem Durchschnitt.

▶ Sie hat sich gute Fachkenntnisse angeeignet, die sie auch in der Praxis anwenden kann.

▶ Sie ist fachlich versiert und kann ihr Wissen gut umsetzen.

▶ Sie ist lernwillig und hat Weiterbildungsseminare besucht zu den Themen ...

▶ Sie ist aufgeweckt und wissbegierig. Sie hat Kurse besucht zu dem Themen ...

▶ Ihr Fachwissen ist akzeptabel.

▶ Sie besitzt solide Fachkenntnisse auf ihrem Gebiet.

▶ Sie hat gute PC-Kenntnisse (MS-Office) und Anwenderkenntnisse in ...

▶ Sie hat in ihrer Ausbildungszeit Englischkurse besucht und besitzt gute Kenntnisse in Wort und Schrift.

Besondere fachliche Fähigkeiten/Stärken

▶ Sie hat ein gutes Zahlenverständnis.

▶ Sie hat gute Kenntnisse in Internet-Programmierung.

▶ Es sind bereits Führungseigenschaften erkennbar. Sie übernimmt gerne Verantwortung und kann andere von ihren Ideen überzeugen.

▶ Sie ist sehr geschickt mit ihren Händen.

Geistige und kreative Fähigkeiten

▶ Sie hat eine schnelle Auffassungsgabe; das Lernen fällt ihr leicht.

▶ Sie kann logisch denken, gut planen und organisieren.

▶ Sie hat originelle Einfälle und liefert spontane Beiträge.

▶ Sie erfasst schnell den Kern einer Sache und beurteilt sie realistisch.

▶ Sie geht systematisch an die Dinge heran. Sie kann Sachverhalte analysieren und neu strukturieren.

▶ Sie hat einen gesunden Menschenverstand und geht die Dinge praktisch an.

Ausdrucksvermögen

▶ Sie bringt einen Sachverhalt auf den Punkt und kann ihre Gedanken klar und anschaulich formulieren.

▶ Sie kann gut argumentieren und andere überzeugen.

▶ Bei Verkaufsgesprächen agiert sie geschickt und überzeugend.

▶ Ihre Briefe und Berichte sind übersichtlich gegliedert und verständlich formuliert.

▶ Sie kann sich verständlich ausdrücken.

▶ Sie kann einen Sachverhalt richtig darstellen.

▶ Sie hat ihr Berichtsheft immer sauber und ordentlich geführt.

Soziale Fähigkeiten

▶ Sie besitzt Einfühlungsvermögen und kann zuhören.

▶ Sie ist begeisterungsfähig und Neuem gegenüber aufgeschlossen.

▶ Sie hat eine positive Einstellung und ist Veränderungen gegenüber aufgeschlossen.

▶ Sie ist beherrscht und kann gut mit ihren Gefühlen umgehen.

▶ Sie nimmt Fehler als Chance wahr, durch die man dazulernen und besser werden kann.

▶ Sie reagiert flexibel auf Veränderungen, passt sich schnell an und findet sich in der neuen Situation gut zurecht.

▶ Sie ist beweglich und kann sich schnell auf Neues einstellen.

▶ Sie nimmt Fehler als Chance wahr, ihr Verhalten zu ändern.

Persönlichkeit (Stichworte)
Verlässlich, aufrichtig, vertrauenswürdig, verantwortungsbereit, lebhaft, energiegeladen, sympathisch, frisch, selbstsicher, selbstbewusst, optimistische Grundhaltung, gelassen, ausgeglichen, mutig, schlagfertig, entschlossen, verbindlich, risikobereit.

Kommunikation/Kooperation

▸ Sie hat ein offenes Wesen, ist kommunikativ und kann mit Kritik gut umgehen.

▸ Sie arbeitet konstruktiv mit, macht eigene Vorschläge und unterstützt die anderen Teammitglieder.

▸ Sie gibt Impulse und spielt eine aktive Rolle im Team.

▸ Sie ist offen, geht auf Menschen zu und knüpft schnell Kontakte.

Arbeitsverhalten

▸ Sie arbeitet aktiv mit und bringt eigene Ideen ein.

▸ Sie arbeitet gerne im Team und unterstützt die Kollegen.

▸ Nach Einweisung arbeitet sie selbstständig, schnell und effizient.

▸ Sie ist engagiert und möchte mitgestalten.

▸ Sie arbeitet auch unter Zeitdruck überlegt und sicher.

▸ Sie hat gelernt, wie man Probleme anpackt und zielstrebig nach Lösungen sucht.

▸ Sie arbeitet gerne und verfolgt mit Ausdauer ihre Ziele.

▸ Sie kann ihre Arbeit gut organisieren und arbeitet schnell und sorgfältig.

▸ Sie arbeitet zuverlässig und ist belastbar.

▸ Ihre Arbeitsergebnisse übertreffen unsere Erwartungen.

▸ Sie hat gelernt, konzentriert zu arbeiten und das Wichtigste zuerst zu erledigen.

Konkrete Arbeitsergebnisse
Stichworte: Verbesserungsvorschläge, Ideen, Mitarbeit in einer Projektgruppe, Konzeptionen, Sonderaufgaben.

▸ Sie wurde im letzten Halbjahr als Ausbilderin für Internetschulungen eingesetzt. Sie hat diese Aufgabe mit großer Begeisterung erfolgreich bewältigt.

Sozialverhalten (Führung)

▶ Frau ... ist hilfsbereit, kollegial und kommt mit allen gut aus.

▶ Sie hat ein gutes Verhältnis zu Vorgesetzten und Kollegen.

▶ Sie pflegt gute Beziehungen zu Kollegen. Gegenüber ihren Vorgesetzten verhält sie sich stets korrekt und loyal.

▶ Kollegen arbeiten gerne mit ihr zusammen. Ihr Verhalten gegenüber ihren Vorgesetzten ist stets korrekt.

Schlusssatz

▶ Frau ... hat die Abschlussprüfung mit ... bestanden. Wir freuen uns, sie in ein unbefristetes/befristetes Arbeitsverhältnis zu übernehmen und sie als ... einzusetzen.

▶ Frau ... hat die Abschlussprüfung mit ... bestanden. Sie verlässt das Unternehmen auf eigenen Wunsch, was wir sehr bedauern. Wir danken ihr für die engagierte Mitarbeit und wünschen ihr für ihre berufliche Zukunft viel Erfolg.

▶ Frau ... hat die Abschlussprüfung mit ... bestanden. Wir übernehmen sie gerne als ... in einem befristeten/unbefristeten Arbeitsverhältnis.

▶ Frau ... hat die Abschlussprüfung mit ... bestanden. Wir hätten sie gerne übernommen, können ihr aber leider keine Stelle anbieten.

▶ Frau ... hat das Ausbildungsverhältnis zum ... gekündigt. Wir wünschen ihr für die Zukunft alles Gute.

▶ Das Ausbildungsverhältnis endet mit dem heutigen Tag.

Rechtliche Aspekte

Rechtsanspruch

Der Zeugnisanspruch ergibt sich aus dem Gesetz und aus den Tarifverträgen. Im BGB (Neufassung 1.1.2003) ist der Anspruch so formuliert:

§ 630 (Pflicht zur Zeugniserteilung) Bei der Beendigung eines dauernden Dienstverhältnisses kann der Verpflichtete von dem anderen Teile ein schriftliches Zeugnis über das Dienstverhältnis und dessen Dauer fordern. Das Zeugnis ist auf Verlangen auf die Leistungen und die Führung im Dienste zu erstrecken. Die Erteilung des Zeugnisses in elektronischer Form ist ausgeschlossen. Wenn der Verpflichtete ein Arbeitnehmer ist, findet § 109 der Gewerbeordnung Anwendung.

Der Wortlaut des § 113 Gewerbeordnung wurde aktualisiert und als § 109 neu gefasst:

(1) Der Arbeitnehmer hat bei Beendigung eines Arbeitsverhältnisses Anspruch auf ein schriftliches Zeugnis. Das Zeugnis muss mindestens Angaben zu Art und Dauer der Tätigkeit (einfaches Zeugnis) enthalten. Der Arbeitnehmer kann verlangen, dass sich die Angaben darüber hinaus auf Leistung und Verhalten im Arbeitsverhältnis (qualifiziertes Zeugnis) erstrecken.

(2) Das Zeugnis muss klar und verständlich formuliert sein. Es darf keine Merkmale oder Formulierungen enthalten, die den Zweck haben, andere als aus der äußeren Form oder aus dem Wortlaut ersichtliche Aussagen über den Arbeitnehmer zu treffen.

(3) Die Erteilung des Zeugnisses in elektronischer Form ist ausgeschlossen.

Bei dieser Neufassung wurde der sprachlich veraltete Begriff „Führung" durch „Verhalten im Arbeitsverhältnis" ersetzt. Man weiß,
was gemeint ist, aber präzise und klar formuliert ist das nicht. Mit
„Verhalten im Arbeitsverhältnis" könnte auch das „Arbeitsverhalten"
gemeint sein, die Art und Weise, wie jemand arbeitet: sorgfältig, termingerecht, fleißig, schnell, selbstständig, was üblicherweise bei der
„Leistung" beurteilt wird. Gemeint ist aber das Sozialverhalten im
Unternehmen gegenüber Vorgesetzten, Kollegen, Mitarbeitern, Kunden, Besuchern.

Ansonsten ist positiv zu bewerten, dass ein wichtiger Punkt aus der
Rechtsprechung in den Gesetzestext aufgenommen worden ist: Ein
Zeugnis darf keine doppelbödigen Formulierungen („Er war gesellig
und hat zu einem guten Betriebsklima beigetragen") enthalten; die
Zeugnisaussagen müssen eindeutig sein, klar und verständlich formu-
liert.

Nach dieser Neuregelung ergibt sich der Zeugnisanspruch für alle Arbeitnehmer aus § 109 Gewerbeordnung. Hatten früher nur Arbeitnehmer Anspruch auf ein Arbeitszeugnis, haben seit dem 1. Januar 2003
auch freie Mitarbeiter und Geschäftsführer einen Anspruch nach
§ 630 BGB. Anspruch haben auch leitende Angestellte (nach § 5, Absatz 3 Betriebsverfassungsgesetz), Teilzeitkräfte, Aushilfen, Beschäf-
tigte mit befristeten Arbeitsverträgen, Praktikanten und Zivildienst-
leistende. Arbeitnehmer haben auch bei kurzer Beschäftigungsdauer
(drei bis sechs Wochen) Anspruch auf ein qualifiziertes Zeugnis.

Der Mitarbeiter muss das Zeugnis ausdrücklich verlangen. Wer ein
Zeugnis haben will, muss dies seinem Arbeitgeber mitteilen. Wer als
Mitarbeiter ein Zeugnis erhält, ohne dass er es ausdrücklich verlangt
hat, kann es zurückweisen. Ein Zeugnisanspruch entsteht bereits
beim Zugang der Kündigung, beim Abschluss eines Aufhebungsver-
trages oder wenn der Mitarbeiter selbst kündigt. Der Arbeitgeber ist

verpflichtet, auf Verlangen ein Zwischenzeugnis (manche sagen auch „vorläufiges Zeugnis") auszustellen.

Zeugnisanspruch in Österreich

Der Zeugnisanspruch in Österreich ergibt sich aus dem Allgemeinen Bürgerlichen Gesetzbuch (ABGB). Im § 1163 (1) heißt es:

> Bei Beendigung des Dienstverhältnisses ist dem Dienstnehmer auf sein Verlangen ein schriftliches Zeugnis über die Dauer und Art der Dienstleistung auszustellen. Verlangt der Dienstnehmer während der Dauer des Dienstverhältnisses ein Zeugnis, so ist ihm ein solches auf seine Kosten auszustellen. Eintragungen und Anmerkungen im Zeugnis, durch die dem Dienstnehmer die Erlangung einer neuen Stellung erschwert wird, sind unzulässig.

Für Führungskräfte leitet sich der Anspruch auch aus § 39 Angestelltengesetz (AngG) her, der fast gleichlautend mit § 1163 ABGB ist.

Im Gegensatz zur gesetzlichen Regelung in Deutschland haben die Arbeitnehmer nur Anspruch auf ein einfaches Zeugnis. Fach- und Führungskräfte sollten im Arbeitsvertrag den Anspruch auf ein qualifiziertes Zeugnis vereinbaren:

> Die Vertragsparteien vereinbaren, dass dem Mitarbeiter bei seinem Austritt ein qualifiziertes Zeugnis erteilt wird, das auf Führung und Leistung erweitert wird analog dem Anspruch in Deutschland nach § 630 BGB bzw. § 109 GewO.

Die Begründung für einen solchen Passus im Arbeitsvertrag ist einleuchtend: Wer sich in Deutschland um eine Führungsposition bewirbt, braucht ein qualifiziertes Zeugnis. Das erhöht die Chancen bei der Bewerbung.

Zeugnisanspruch in der Schweiz

In der Schweiz ist es wie in Deutschland. Es besteht ein gesetzlicher Anspruch auf ein qualifiziertes Zeugnis, bei dem auch die Leistung und das Verhalten beurteilt wird. Der Anspruch steht im Artikel 330a Schweizerisches Obligationenrecht (OR):

> Der Arbeitnehmer kann jederzeit vom Arbeitgeber ein Zeugnis verlangen, das sich über die Art und Dauer des Arbeitsverhältnisses sowie über seine Leistungen und sein Verhalten ausspricht. Auf besonderes Verlangen des Arbeitnehmers hat sich das Zeugnis auf Angaben über die Art und die Dauer des Arbeitsverhältnisses zu beschränken.

Der Anspruch auf ein Ausbildungszeugnis ist in der Schweiz im § 346a OR geregelt, der inhaltlich dem Anspruch nach § 8 des deutschen Berufsbildungsgesetzes entspricht:

> Nach Beendigung der Berufslehre hat der Arbeitgeber der lernenden Person ein Zeugnis auszustellen, das die erforderlichen Angaben über die erlernte Berufstätigkeit und die Dauer der Berufslehre enthält. Auf Verlangen der lernenden Person oder deren gesetzlichen Vertretung hat sich das Zeugnis auch auf die Fähigkeiten, die Leistungen und das Verhalten der lernenden Person auszusprechen.

Das Ausbildungszeugnis

Der Zeugnisanspruch von Auszubildenden ist im Berufsbildungsgesetz geregelt:

> § 8 Zeugnis
> (1) Der Ausbildende hat dem Auszubildenden bei Beendigung des Berufsausbildungsverhältnisses ein Zeugnis auszustellen. Hat der Ausbildende die Berufsausbildung nicht selbst durchgeführt, so soll auch der Ausbilder das Zeugnis unterschreiben.
> (2) Das Zeugnis muss Angaben enthalten über Art, Dauer und Ziel der Berufsausbildung sowie über die erworbenen Fertigkeiten und Kenntnisse des Auszubildenden. Auf Verlangen des Auszubildenden sind auch Angaben über Führung, Leistung und besondere fachliche Fähigkeiten aufzunehmen.

Der Auszubildende muss ein qualifiziertes Zeugnis ausdrücklich verlangen. Auch Minderjährige können dieses Recht in Anspruch nehmen. Sie sind in diesem Fall unbeschränkt geschäftsfähig (§ 113 BGB).

Ein einfaches Ausbildungszeugnis muss auch dann ausgestellt werden, wenn es nicht verlangt wird.

Einfaches und qualifiziertes Zeugnis

Das Zeugnis ist am letzten Tag eines Arbeitsverhältnisses fällig. Der Mitarbeiter muss dem Arbeitgeber mitteilen, ob er ein einfaches oder ein qualifiziertes Arbeitszeugnis haben möchte. Ein einfaches Zeugnis ist streng genommen nur eine Bescheinigung:

Zeugnis

Herr Hubert Kranz war in der Zeit vom 1.4.2002 bis 31.12.2005 als Bote und Kraftfahrer bei uns beschäftigt. Zu seinen Aufgaben gehörte unter anderem:

– Ein- und ausgehende Post bearbeiten
– Verteilen der Post
– Kurier- und Botendienste, auch mit PKW

Herr Kranz verlässt das Unternehmen auf eigenen Wunsch. Wir danken ihm für seine Mitarbeit und wünschen ihm für seine Zukunft alles Gute.

Unterschrift

Verlangt Hubert Kranz ein qualifiziertes Zeugnis, muss es um die Punkte Führung und Leistung erweitert werden. Mit Führung ist das Sozialverhalten gemeint, das heißt, wie der Mitarbeiter mit seinen Kollegen, seinem Vorgesetzten und den Kunden zurechtgekommen ist. Unter Leistung ist die Arbeitsleistung im weitesten Sinne gemeint:

■ Fachwissen

■ Fähigkeiten

■ Arbeitsmenge

■ Arbeitsgüte

■ Arbeitsweise

■ Arbeitseinsatz

■ Arbeitsergebnisse

Bei Führungskräften sind auch die Führungsleistung, die Führungsqualitäten und das Führungsverhalten zu beurteilen.

Es gibt Arbeitgeber, die einem Mitarbeiter unaufgefordert ein qualifiziertes Zeugnis ausstellen. Das kann der Mitarbeiter zurückweisen.

Der Arbeitgeber muss dieses Zeugnis dann vernichten. Ein Arbeitnehmer kann Gründe dafür haben, kein Zeugnis zu verlangen. Mit einem schlechten Zeugnis kann der Zeugnisempfänger nicht viel anfangen, vor allem dann nicht, wenn etwas ausgesprochen Negatives im Zeugnis steht, wie etwa Diebstahl, Unterschlagung oder sexuelle Belästigung.

Rechtliche Anforderungen

Form

Ein Arbeitgeber ist nicht verpflichtet, ein Arbeitszeugnis in einer ganz bestimmten Form zu erstellen. Ein Arbeitnehmer kann lediglich verlangen, dass sein Arbeitszeugnis auf einem Geschäftsbogen geschrieben wird, im Format DIN A4, und zwar mit Schreibmaschine oder PC und nicht mit der Hand.

Fehler

Der Arbeitnehmer hat Anspruch auf ein sauberes Zeugnis. Ein Zeugnisaussteller darf das Zeugnis zweimal falten und in einen üblichen Briefumschlag stecken. Voraussetzung ist, dass das Originalzeugnis kopierfähig ist und die Knicke im Zeugnisbogen sich nicht auf den Kopien abzeichnen, zum Beispiel durch Schwärzungen (Bundesarbeitsgericht, Urteil vom 21.9.1999 - 9 AZR 893/98). Ein Zeugnis mit Flecken, Streichungen, Radierungen, Knicken und Verbesserungen kann er zurückweisen. Auch ein Zeugnis mit Schreibfehlern muss er nicht akzeptieren. Es muss sich allerdings um „wesentliche" Schreibfehler handeln, wenn zum Beispiel der Name falsch geschrieben wurde: Statt Krause steht Kruse im Zeugnis.

Kein wesentlicher Fehler ist zum Beispiel in diesem Satz enthalten: „Wir haben Frau Schwarz besonders wegen ihres integeren Verhaltens geschätzt." Die Zeugnisempfängerin und Klägerin – eine Chefsekretärin – verlangte eine Änderung des Zeugnisses, weil es sprachlich korrekt „integres Verhalten" heißen müsse. Die Klage wurde vom Arbeitsgericht Düsseldorf zurückgewiesen, weil das Gericht der Ansicht war, dass es sich nicht um einen „wesentlichen Fehler" handle. Hier stellt sich natürlich die Frage, warum der Zeugnisaussteller sich auf einen Prozess eingelassen hat. Wäre es nicht sehr viel zeitsparender und kostengünstiger gewesen, der Klägerin ein neues, sprachlich korrektes Zeugnis auszustellen?

Beurteilung der Leistung

Der Arbeitgeber hat einen Beurteilungsspielraum, der von den Arbeitsgerichten nur sehr begrenzt überprüfbar ist. „Voll überprüfbar", so das Bundesarbeitsgericht, „sind dagegen die Tatsachen, die der Arbeitgeber seiner Leistungsbeurteilung zugrunde gelegt hat." Doch ein Arbeitgeber kann die „Tatsachen" ganz anders sehen als der Arbeitnehmer. Die Beurteilung der Leistung ist immer subjektiv und kann deshalb auch falsch sein, weil Menschen sich irren können. Das Problem ist objektiv und endgültig ohnehin nicht zu lösen. Wie steht es mit dem rechtlichen Aspekt dieses Problems? Ein Arbeitnehmer erbringt vertraglich eine Leistung mittlerer Art und Güte (§ 243, Absatz 1 BGB), also eine „befriedigende Leistung". Will ein Arbeitnehmer vor dem Arbeitsgericht eine bessere Bewertung erstreiten, hat er, so das Bundesarbeitsgericht, „Tatsachen vorzutragen und zu beweisen, aus denen sich eine bessere Beurteilung ergeben soll." Beurteilt der Arbeitgeber die Leistungen unterdurchschnittlich, also schlechter als „befriedigend", ist er beweispflichtig.

Ein Arbeitgeber ist auch frei in seiner Entscheidung, ob er den so genannten Zeugniscode („hat stets zu unserer vollsten Zufriedenheit gearbeitet") verwendet oder eine nicht codierte Formulierung, wie etwa: „Er erzielt sehr gute Ergebnisse."

Das Bundesarbeitsgericht hat aus „Gründen der Rechtssicherheit" die Formulierungen des Zeugniscodes akzeptiert, obwohl sie wohlwollender klingen als sie gemeint sind (BAG 23.9.92 - 5 AZR 573/91). Ein

Arbeitnehmer hat keinen Anspruch auf eine bestimmte Formulierung. Er kann nicht verlangen, dass die sprachlich verunglückte Formulierung „vollste Zufriedenheit" in „gute Leistungen" geändert wird und umgekehrt (BAG 29.7.71 - AP Nr. 6 zu § 630 BGB). Das Zeugnis ist in deutscher Sprache zu schreiben. Auch in internationalen Unternehmen hat ein Mitarbeiter keinen Anspruch darauf, dass sein Zeugnis beispielsweise in englischer Sprache ausgestellt wird.

Beurteilung der Führung (Sozialverhalten)

Der Begriff „Führung" steht im 100 Jahre alten § 630 des BGB, hat aber heute eine etwas andere Bedeutung. Heute verstehen wir darunter das Verhalten des Mitarbeiters zu seinem Chef, zu seinen Kollegen, zu Kunden, Lieferanten, Besuchern und Geschäftsfreunden.

Wird im Zeugnis nichts über den Umgang mit Kollegen und Vorgesetzten ausgesagt, kann dies „beredtes Schweigen" sein. Bei Mitarbeitern, die Umgang mit Kunden haben, muss dies erwähnt werden. Die Kundennähe, die Kundenorientierung und der freundliche Umgang gehören bei Verkäufern oder Bankangestellten zu den berufsspezifischen Eigenschaften. Wird in einem Zeugnis darüber nichts gesagt, muss der Zeugnisleser daraus schließen, dass es Probleme gab und das Verhalten nicht im Sinne des Arbeitgebers war.

Austrittsgründe

Grundsätzlich ist es so, dass aus rechtlichen Gründen keine Angaben über die Entlassungsgründe und die Art und Weise der Beendigung des Arbeitsverhältnisses (zum Beispiel Aufhebungsvertrag, Kündigung) gemacht werden dürfen, weder bei einfachen noch bei qualifizierten Zeugnissen. Es gibt Ausnahmen, zum Beispiel bei schwerem Vertragsbruch des Arbeitnehmers, wie etwa Unterschlagung, oder bei Vertragsbruch durch den Arbeitgeber, wenn dieser etwa kein Gehalt mehr zahlt. Dann steht im Zeugnis: „Das Arbeitsverhältnis endet durch Vertragsbruch am ..."

Für alle anderen Fälle sind folgende Formulierungen zulässig:

■ Bei Eigenkündigung: „...verlässt das Unternehmen auf eigenen Wunsch."

■ Bei verhaltens- oder personenbedingter Kündigung: „Das Arbeitsverhältnis endet am ..."

■ Bei betriebsbedingter Kündigung: „... wegen Personalabbau, Umsatzrückgang, struktureller Anpassung, Rationalisierung."

■ Bei einem Aufhebungsvertrag: „Das Arbeitsverhältnis endet am ..." oder „Herr XY verlässt unser Unternehmen auf eigenen Wunsch."

Die Formulierung „Das Arbeitsverhältnis endet im gegenseitigen Einvernehmen" muss ein Arbeitnehmer nicht akzeptieren, weil das im Klartext heißt, dass die Firma den Mitarbeiter loswerden wollte.

Das Zwischenzeugnis

Wenn das Arbeitsverhältnis nicht beendet ist, aber ein triftiger Grund vorliegt, kann der Mitarbeiter ein Zwischenzeugnis verlangen. Triftige Gründe sind:

■ Versetzung

■ Wechsel des Vorgesetzten

■ Fortbildung

■ Beförderung

■ Einberufung zum Wehr- oder Zivildienst

■ Freistellung als Betriebsrat

■ Elternzeit

■ Betriebsübergang nach § 613 a BGB

■ Höhergruppierung

Diese Gründe sind von der Rechtsprechung anerkannt. Eine gesetzliche Regelung besteht nicht. Häufig gibt es einen tarifvertraglichen Anspruch, wie zum Beispiel im § 61 Bundesangestellten-Tarifvertrag.

Ein Arbeitnehmer kann nicht verlangen, dass die Formulierungen des Zwischenzeugnisses in das Endzeugnis übernommen werden, auch dann nicht, wenn sich in der Zwischenzeit nichts Wesentliches am Zeugnisinhalt verändert hat. Das ergibt sich aus der Formulierungsfreiheit des Arbeitgebers (Landesarbeitsgericht Düsseldorf, 2.7.1976, BB 1976, S. 1562).

Rechtsgrundsätze

Wahrheitspflicht

Ein Arbeitszeugnis muss wahr sein und alle wesentlichen Tatsachen enthalten, die für eine Gesamtbeurteilung von Bedeutung sind und an denen ein künftiger Arbeitgeber ein „berechtigtes, billigenswertes und schutzwürdiges Interesse" haben könnte. So drücken Juristen das aus. Dabei ist der Arbeitgeber nicht zur schonungslosen Offenbarung aller ungünstigen Vorkommnisse verpflichtet.

Das Zeugnis muss wohlwollend formuliert sein und darf das berufliche Fortkommen nicht ungerechtfertigt erschweren (BGH 26.11.63, DB 1964, S. 517). Im Übrigen ergibt sich das verständige Wohlwollen auch aus der Fürsorgepflicht des Arbeitgebers.

Für die Richtigkeit muss der Zeugnisaussteller geradestehen. Stellt sich später heraus, dass Zeugnisaussagen falsch sind, muss der Aussteller das Zeugnis zurückfordern und berichtigen. Das muss er aber nur dann tun, wenn es sich um eine „Kernaussage" handelt, wie etwa dann, wenn sich nach dem Ausscheiden herausstellt, dass der Mitarbeiter die Firma betrogen hat und im Arbeitszeugnis „Ehrlichkeit" bescheinigt worden ist.

Im Zweifel geht Wahrheit vor Wohlwollen. (BAG 23.6.1969 - 5 AZ 560/58)

Vollständigkeit

Vollständig heißt: Das Zeugnis darf keine Lücken enthalten. Es müssen alle für die Beurteilung der Leistung und der Führung wichtigen Dinge erwähnt werden. Der Zeugnisaussteller darf nichts auslassen, was der Zeugnisleser üblicherweise erwartet. Fehlen berufsspezifische Merkmale, ist das Zeugnis nicht vollständig. So darf bei einer ehrlichen Kassiererin nicht der Hinweis auf die Ehrlichkeit fehlen, und bei einer tüchtigen Sekretärin muss die Vertrauenswürdigkeit und die Selbstständigkeit erwähnt werden (BAG AP 6 zu § 630 BGB; BGH AP 10 zu § 826 BGB).

Individualität

Der Arbeitgeber ist verpflichtet, Leistung und Führung individuell zu formulieren. Er darf keine schablonenhaften Formulierungen benutzen. Er muss vielmehr auf die unverwechselbaren Besonderheiten des Arbeitnehmers eingehen, nämlich darauf, was diesen Arbeitnehmer von anderen unterscheidet. Gegen diesen Grundsatz wird am häufigsten verstoßen. Zeugnisse, die nur nach einem EDV-gestützten Textbaustein-System formuliert sind, erfüllen diese Bedingung auch nicht.

Was nicht im Arbeitszeugnis stehen darf

- Außerdienstliches Verhalten, Vorkommnisse aus dem Privatleben

- Betriebsratstätigkeit: Die Mitgliedschaft im Betriebsrat, die Entsendung in den Aufsichtsrat oder die Funktion als Vertrauensmann der Schwerbehinderten dürfen in einem Zeugnis nicht erwähnt werden, erst recht nicht die Tätigkeit als Vertrauensmann der Gewerkschaft. Das sind Funktionen, die nicht unter das Direktionsrecht des Arbeitgebers fallen. Dies nicht zu erwähnen, ergibt sich aus dem Benachteiligungsverbot des § 78 BetrVG –

ausgenommen, der Arbeitnehmer wünscht es. Wenn ein Mitglied des Betriebsrats über einen längeren Zeitraum freigestellt wurde und er durch diese Freistellung von seiner bisherigen Tätigkeit völlig „entfremdet ist" (LAG Frankfurt, BB 1976, S. 978), gilt das Gleiche. Das Arbeitsverhältnis sei sonst bei längerer Freistellung nicht darstellbar. Längere Freistellung bedeutet: Länger als ein Jahr.

- Kündigungsschutzklagen
- Schwangerschaft, Mutterschutz
- Gewerkschaftszugehörigkeit
- Parteimitgliedschaft
- Nebentätigkeit
- Schwerbehinderteneigenschaft
- Gesundheitszustand
- Krankheitsbedingte Fehlzeiten (außer sie machten mehr als die Hälfte der Beschäftigungszeit aus)
- Straftaten, wenn sie nicht unmittelbar das Arbeitsverhältnis berühren
- Verdacht auf strafbare Handlungen
- Streik und Aussperrung
- Wettbewerbsverbote

Fälligkeit

Laut Gesetz (§ 630 BGB, §73 HGB, §133 GeWO) ist das Zeugnis „bei Beendigung des Arbeitsverhältnisses" fällig. Wenn Karl Meier zum 30. Juni gekündigt hat, kann er verlangen, dass ihm spätestens am 30. Juni das Zeugnis ausgehändigt wird. Was ist, wenn Karl Meier zum Zeitpunkt der Kündigung am 16. Mai ein vorläufiges Zeugnis verlangt, weil er sich bewerben will? Auch darauf hat er einen Anspruch: „Gemäß einer an Treu und Glauben orientierten Auslegung heißt dies, dass der Anspruch nicht erst mit der rechtlichen Beendigung, sondern bereits angemessene Zeit vorher erwächst" (Schaub, Arbeitsrechtshandbuch, § 146, Nr. 5).

Eine Vor- oder Rückdatierung ist nicht zulässig, was aber nicht heißt, dass das Ausstellungsdatum und der Tag der Beendigung identisch sein müssen.

Beispiel 1:
Ralf Kruse kündigt das Arbeitsverhältnis am 15. Mai fristgerecht zum 30. Juni. Eine Woche nach seinem Ausscheiden fällt ihm auf, dass er es versäumt hat, ein Arbeitszeugnis zu verlangen. Er holt das nach und bekommt prompt am 15. Juli das gewünschte Zeugnis mit dem Ausstellungsdatum 14. Juli. Das ist korrekt, weil er es erst nach seinem Ausscheiden verlangt hat.

Beispiel 2:
Hans Knabe scheidet am 30. September aus. Das verlangte Arbeitszeugnis enthält als Ausstellungsdatum den 30. September, was nicht zu beanstanden ist. Drei Wochen später stellt Herr Knabe fest, dass das Zeugnis einen wesentlichen Fehler enthält. Der Vorname ist falsch: Im Zeugnis steht: Heinz, nicht Hans. Er verlangt ein neues Zeugnis. Am 29. Oktober erhält Herr Knabe ein neues Zeugnis mit richtigem Vornamen. Als Ausstellungsdatum ist der 28. Oktober angegeben.

Das ist falsch. Nach einem Urteil des Bundesarbeitsgerichts vom 9.9.1992 (AZ: 5 AZR 509/91) ist in einem solchen Fall als Ausstellungsdatum der Tag des Ausscheidens einzusetzen, weil die verspätete Ausstellung nicht vom Arbeitnehmer zu vertreten ist.

Holschuld

Mit dem Arbeitszeugnis ist es wie mit den anderen Arbeitspapieren: Der Arbeitgeber muss sie zur Abholung bereithalten. Verständige Arbeitgeber sind jedoch bereit, die Arbeitspapiere und das beim Ausscheiden fällige Zeugnis dem Mitarbeiter mit der Post nach Hause zu schicken, wenn der Mitarbeiter am Tag der Beendigung des Arbeitsverhältnisses nicht mehr in der Firma ist. Hierzu ein Beispiel:

Hermann O. trennt sich im Streit von seinem Arbeitgeber S. Da er noch Anspruch auf Resturlaub hat, scheidet er bereits eine Woche vor dem offiziellen Termin (30. September) aus. S. teilt ihm am 28. September mit, dass er sich seine Papiere am 30. September in der Personalabteilung abholen könne. O. holt am 30. September seine Papiere ab, nur das von ihm verlangte Arbeitszeugnis kann ihm nicht ausgehändigt werden, da es nach Auskunft der Gehaltsbuchhalterin noch nicht fertig sei. Er möge doch am nächsten Tag gegen 11 Uhr noch einmal kommen, dann könne er das Zeugnis haben. Hermann O. besteht darauf, dass die Firma ihm das Zeugnis nach Hause schickt. Zu Recht?

Ja, bei Verzug wird die Holschuld zur Bringschuld (§ 269 (2) BGB). Der Arbeitgeber S. muss auf seine Kosten Hermann O. das Arbeitszeugnis schicken.

Die Sache ist noch nicht erledigt. Am 4. Oktober ruft O. in der Personalabteilung an und beklagt sich darüber, dass er das Zeugnis immer noch nicht bekommen habe. Die Sachbearbeiterin sagt ihm am Telefon, dass sie das Zeugnis am 1. Oktober per Post an ihn abgeschickt habe und die Sache deshalb für die Firma erledigt sei. Das Risiko, dass das Zeugnis auf dem Postweg verloren gegangen sei, müsse er schon selber tragen.

Hier irrt die Sachbearbeiterin. Im Fall des Verzuges hat der Arbeitgeber für den Verlust oder die Beschädigung einzustehen. S. ist also verpflichtet, O. ein neues Zeugnis auszustellen und ihm zuzuschicken.

Verwirkung/Verjährung

Nach zehn Jahren Betriebszugehörigkeit als Ingenieur in der Firma T. kündigt Michael L. das Arbeitsverhältnis fristgerecht, um sich selbstständig zu machen. Er ist so begeistert von seiner Erfindung und der Vermarktung seiner Idee, dass er bei seinem Ausscheiden nicht mehr an ein qualifiziertes Arbeitszeugnis denkt. Er braucht das Zeugnis auch nicht, weil er sich nicht bewerben will.

Zwei Jahre später gibt L. seine Selbstständigkeit auf, um wieder als Ingenieur zu arbeiten. Jetzt erst bemerkt er das Fehlen des letzten Arbeitszeugnisses. Er schreibt an die Firma und bittet um ein qualifiziertes Zeugnis. Das Unternehmen teilt zu ihrem Bedauern mit, dass die Firma bereits vor einem Jahr an einen norwegischen Konzern verkauft worden sei und der ehemalige Chef von L. das Unternehmen vor einem halben Jahr verlassen habe. Die Firma sehe sich deshalb außerstande, ihm das gewünschte Zeugnis auszustellen. L. reicht Klage beim Arbeitsgericht ein. Er beantragt, die Firma zu verurteilen, ihm ein qualifiziertes Zeugnis für die zehn Jahre auszustellen, die er dort gearbeitet hat. Hat die Klage Aussicht auf Erfolg?

Gehen wir systematisch an die Sache heran: Die erste Frage heißt: Hat L. überhaupt Anspruch auf ein qualifiziertes Arbeitszeugnis? Der Anspruch nach § 109 GewO ist unbestritten.

Die zweite Frage lautet: Ist der Anspruch verjährt oder verwirkt? Der Anspruch auf Zeugniserteilung verjährt nach drei Jahren, so steht es im § 195 BGB. Verjährt ist der Anspruch ganz offensichtlich nicht. Wie jeder andere schuldrechtliche Anspruch könnte der Zeugnisanspruch des L. aber der Verwirkung unterliegen. Voraussetzung ist, dass der Gläubiger (hier: Zeugnisempfänger) sein Recht längere Zeit nicht ausübt (Zeitmoment) und dem Schuldner (hier: Zeugnisaussteller) die Erfüllung des Rechts des Gläubigers nach Treu und Glauben (§ 242 BGB) nicht mehr zuzumuten ist.

So heißt es dann auch in der Klageerwiderung der Firma T., vertreten vom zuständigen Arbeitgeberverband:

„Nach einem Urteil des Bundesarbeitsgerichts (BB 1989, 978) ist der Anspruch dann verwirkt, wenn der Gläubiger (Anspruchsinhaber) sein Recht über längere Zeit nicht in Anspruch nimmt und deshalb gegenüber dem Anspruchsgegner den Eindruck erweckt, den Anspruch nicht mehr geltend zu machen. Der Zeugnisanspruch des Klägers ist beim Ausscheiden entstanden. Der Kläger macht erst nach zwei Jahren den Anspruch geltend. Nach der Rechtsprechung der Arbeitsgerichte ist ein Anspruch regelmäßig nach etwa einem halben Jahr verwirkt ..."

Der Ingenieur L. wird diesen Prozess vermutlich verlieren. Er wird sich wohl oder übel mit einem einfachen Zeugnis begnügen müssen.

Betriebsübergang

Bei Betriebsübergang (Fusion, Firma wird verkauft) nach § 613 a BGB gehen die Rechte und Pflichten aus dem Arbeitsverhältnis vom alten auf den neuen Eigentümer über. Das gilt auch für die Verpflichtung des Arbeitgebers, ausscheidenden Mitarbeitern auf Verlangen ein Arbeitszeugnis auszustellen. Den Zeitpunkt des Betriebsübergangs kann der Arbeitnehmer zum Anlass nehmen, ein Zwischenzeugnis vom alten Eigentümer zu verlangen.

Insolvenz

Eine Insolvenz beendet nicht automatisch das Arbeitsverhältnis. Daraus ergibt sich, dass auch der Zeugnisanspruch weiterbesteht. Wird das Arbeitsverhältnis nach Insolvenzeröffnung fortgesetzt, hat der Arbeitnehmer Anspruch auf zwei Zeugnisse. Das erste hat die Firma (Gemeinschuldner) bis zur Insolvenzeröffnung, das zweite der Insolvenzverwalter für die Zeit von der Insolvenzeröffnung bis zum tatsächlichen Ausscheiden zu erteilen.

Haftung

Ein Arbeitnehmer hat gegenüber dem Arbeitgeber einen Schadenersatzanspruch, wenn er trotz Anforderung das Zeugnis nicht oder verspätet bekommt, aber auch dann, wenn das Zeugnis fehlerhaft ist. Voraussetzung ist immer, dass ein Verschulden vorliegt, also vorsätzlich oder fahrlässig gehandelt wurde. Vorsätzlich bedeutet „mit Absicht" und „fahrlässig handelt, wer die im Verkehr erforderliche Sorgfalt außer Acht lässt" (§ 276 BGB). Gemeint ist damit: unaufmerksam, unachtsam, schlampig. Eine Firma haftet für das Verschulden ihrer

Beschäftigten. Das gilt auch für Verzugsschäden (§ 286 a BGB) und bei positiver Vertragsverletzung.

Welcher Schaden kann eintreten? Der Arbeitnehmer wird nicht oder verspätet eingestellt oder er findet nur eine Stelle mit geringem Verdienst. Die Ursache dafür muss sein, dass das Zeugnis nicht oder verspätet ausgestellt worden ist. Dies muss der Arbeitnehmer vor Gericht beweisen, was schwierig sein dürfte.

Rechtsprechung

Kündigung wegen Schlechtleistung

Der Zeugnisaussteller muss für den Zeugnisinhalt geradestehen. Man kann einem Arbeitnehmer nicht hervorragende Leistungen im Arbeitszeugnis bescheinigen, aber sich im Kündigungsschutzprozess auf Schlechtleistungen berufen, ohne dass sich der Sachverhalt geändert hat (LAG Bremen, BB 84, 473).

Kündigung aus wichtigem Grund

Bei einer fristlosen Kündigung seitens des Arbeitgebers darf nicht im Zeugnis stehen:

„Das Arbeitsverhältnis endete durch fristlose arbeitgeberseitige Kündigung." (LAG Düsseldorf 1.10.87, 9 CA 2774/87, DB 88, S. 508) Zulässig ist die Formulierung: „Das Arbeitsverhältnis endet am …"

Leistungsbeurteilung bei langjähriger Beschäftigung

Eine Tätigkeit, die durchgehend ohne jede Beanstandung geblieben sei, hebe sich aus dem Durchschnitt heraus und verdiene eine Heraushebung durch die Formulierung „stets zu unserer vollen Zufriedenheit", urteilte das Landesarbeitsgericht Düsseldorf (DB 80, 546).

Anders ausgedrückt: Wer über Jahre im Unternehmen arbeitet, ohne dass es zu Abmahnungen gekommen ist, hat Anspruch auf ein gutes Zeugnis. (Das ist schon deshalb nicht logisch, weil ein Unternehmen bekanntlich nicht nur gute und sehr gute Mitarbeiter hat.)

Die Formulierung, jemand habe „die ihm übertragenen Aufgaben mit großem Fleiß und Interesse durchgeführt", sei eine Erklärung, dass der Arbeitnehmer sich bemüht habe, aber im Ergebnis nichts geleistet oder nur schlechte Leistungen erbracht habe. Eine solche Beurteilung, so das Bundesarbeitsgericht, stehe im Widerspruch zu einer jahrelangen Beschäftigung (AP 12 zu § 630 BGB).

Krankheit

Krankheitsbedingte Fehlzeiten darf der Arbeitgeber nicht im Zeugnis erwähnen. Das gilt auch dann, wenn der Arbeitnehmer vor seinem Ausscheiden anderthalb Jahre ohne Unterbrechung arbeitsunfähig krank war (Urteil Arbeitsgericht Frankfurt vom 19.3.1991, 8 Ca 509/90).

Fehlzeiten

Krankheitsbedingte Fehlzeiten, die zur Auflösung des Arbeitsverhältnisses geführt haben, dürfen nur dann im Arbeitszeugnis erwähnt werden, wenn sie mehr als die Hälfte der gesamten Beschäftigungszeit ausgemacht haben (Landesarbeitsgericht Chemnitz, 5 Sa 996/95).

Elternzeit

Nach einem Urteil des Bundesarbeitsgerichts vom 10. Mai 2005 (9 AZR 261/04) darf der Arbeitgeber die Elternzeit nur dann erwähnen, „sofern sich die Ausfallzeit als eine wesentliche tatsächliche Unterbrechung der Beschäftigung darstellt." Bei dem Fall, den das Gericht zu entscheiden hatte, ging es um eine Ausfallzeit von knapp drei Jahren.

Aufgabenbeschreibung

Ein Zeugnis muss die Tätigkeiten so vollständig und genau wiederge-
ben, dass sich künftige Arbeitgeber ein klares Bild machen können.
Unwesentliches darf der Zeugnisaussteller weglassen, nicht aber Aufgaben, die etwas mit den Kenntnissen und Leistungen des Arbeitnehmers zu tun haben. Der Zeugnisaussteller muss aber Tätigkeiten nicht
erwähnen, die für eine Bewerbung keine Bedeutung haben (BAG,
Urteil vom 12.8.1976 - 3 AZR 720/75). Eine Aufgabenbeschreibung
in Stichworten ist zulässig. Beschreibt ein Zeugnisaussteller sehr ausführlich die Tätigkeiten, dann muss er auch ausführlich die Leistung
beschreiben, weil sonst der Eindruck entsteht, der Arbeitgeber habe
sich bemüht, aber im Ergebnis nichts geleistet (BAG 24.3.77 - AP Nr.12
zu § 630 BGB).

Mitbestimmung des Betriebsrats

Ein Arbeitszeugnis ist eine Beurteilung. Nach § 94 II Betriebsverfassungsgesetz hat der Betriebsrat ein Mitbestimmungsrecht bei den
Beurteilungsgrundsätzen. Dieses Mitbestimmungsrecht bezieht sich
aber nicht auf die Beurteilung im Einzelfall (Schaub, Arbeitsrechtshandbuch § 234). Bei Zeugnissen darf der Betriebsrat demnach nicht
mitreden.

Unterschrift

Neben dem Ausstellungsdatum muss das Zeugnis der Arbeitgeber un-
terschreiben oder ein Bevollmächtigter. Die Vertretungsmacht muss
erkennbar sein (z.B. ppa. = per Prokura). Außerdem muss das Zeugnis
von einem Ranghöheren unterschrieben sein.

Verlust oder Beschädigung

Der Arbeitgeber ist verpflichtet ein neues Zeugnis auszustellen, wenn das alte beschädigt oder verloren gegangen ist, sofern dies keine größeren Schwierigkeiten macht. Es spielt dabei keine Rolle, ob der Zeugnisempfänger das zu vertreten hat. Man spricht hier von der vertraglichen Nebenpflicht des Arbeitgebers (LAG Hamm 15.7.86 - LAGE § 630 BGB Nr.5).

Zeugnisprozesse

Die meisten Zeugnisprozesse sind vermeidbar. Gründe dafür sind oft Dickköpfigkeit auf beiden Seiten und die Unfähigkeit, einen Konflikt fair zu lösen. Weigert sich ein Arbeitgeber, ein Zeugnis auszustellen, zu ändern oder zu ergänzen, kann der Arbeitnehmer Klage beim Arbeitsgericht einreichen. Eine Kündigungsschutzklage reicht dafür nicht aus, es sei denn, der Kläger stellt in seiner Klage gleich einen entsprechenden Antrag und begründet ihn: „Außerdem beantragt der Kläger, ihm ein qualifiziertes Arbeitszeugnis auszustellen."

Bei einer Kündigungsschutzklage ist der Arbeitnehmer an die Ausschlussfrist von drei Wochen nach Kundigungszugang gebunden, bei einer Zeugnisklage nicht.

Der Zeugnisanspruch kann nicht nur durch eine Klage, sondern auch mit einer einstweiligen Verfügung geltend gemacht werden. Der Arbeitnehmer muss glaubhaft machen, dass er sich vergeblich um ein Zeugnis bemüht hat und das Zeugnis dringend benötigt, um „drohende wesentliche Nachteile abzuwenden", wie Juristen das ausdrücken. Die Anforderungen des Gerichts sind sehr hoch. Es reicht nicht aus, dem Gericht vorzutragen, dass der Antragsteller das Zeugnis für eine Bewerbung braucht. Ein glaubhafter Grund dürfte gegeben sein, wenn der künftige Arbeitgeber die Einstellung von der Vorlage des letzten Arbeitszeugnisses abhängig macht und dies dem Bewerber bestätigt.

Der Streitwert wird vom Arbeitsgericht festgesetzt und beträgt meistens ein Bruttomonatsgehalt. In der ersten Instanz trägt jede Partei die Kosten für die Prozessvertretung selbst. Einigt man sich in der Güteverhandlung, entstehen keine Gerichtskosten.

Wenn ein Urteil ergangen ist, wonach der Arbeitgeber ein Zeugnis auszustellen, zu ändern oder zu ergänzen hat, kann der Arbeitnehmer sofort die Zwangsvollstreckung betreiben, das heißt, er kann einen Gerichtsvollzieher beauftragen. Nun kann auch ein Gerichtsvollzieher einen Arbeitgeber nicht zwingen, sich an den PC zu setzen und ein Arbeitszeugnis zu schreiben. Verweigert der Arbeitgeber das Arbeitszeugnis, kann der Arbeitnehmer ein Zwangsgeld von bis zu 25 000 Euro beantragen (zugunsten der Staatskasse) und den Gerichtsvollzieher beauftragen, es beim Arbeitgeber einzutreiben. Ist der Arbeitgeber nicht zahlungsfähig, droht ihm Zwangshaft bis zu sechs Monaten (§ 913 ZPO).

Musterzeugnisse

Die Musterzeugnisse sind aussagekräftige Zeugnisse, bei denen aus dem Zusammenhang ersichtlich ist, dass es sich um gute oder sehr gute Zeugnisse handelt. Bei folgenden Zeugnissen kann man leicht erkennen, dass es sich eher um durchschnittliche Zeugnisse handelt:

- Altenpflegerin
- Kundenberater Außendienst
- Rechtsanwaltfachangestellte
- Finanzbuchhalterin
- Projektmanager
- Leiter Wertpapiergeschäft
- Brand Manager

Alle Zeugnistexte finden Sie auch auf der CD-ROM.

Auszubildende Groß- und Außenhandelskauffrau

Ausbildungszeugnis

Frau Lena Reiser, geboren am 13. Oktober 1985, wurde vom 1. August 2005 bis 22. Januar 2008 zur Kauffrau im Groß- und Außenhandel ausgebildet. Es wurden die Kenntnisse und Fertigkeiten nach der Ausbildungsverordnung vermittelt. Frau Reiser hat folgende Abteilungen kennengelernt:

– Einkauf
– Verkauf (Export)
– Qualitätskontrolle
– Finanz- und Rechnungswesen
– Personalabteilung
– Lager

Frau Reiser hat sich gute Fachkenntnisse angeeignet. Sie ist lernwillig und hat interne Weiterbildungsseminare besucht zu den Themen:

– EDV-Kenntnisse: Word, Excel, Access
– Verhandlungstechnik

Sie besitzt Anwenderkenntnisse in SAP R/3. Ihre englischen Sprachkenntnisse sind sehr gut, in Wort und Schrift.

Frau Reiser hat eine schnelle Auffassungsgabe und einen Blick für das Wesentliche. Sie kann gut argumentieren und andere überzeugen. Bei Verhandlungen agiert sie geschickt. Sie reagiert flexibel auf Veränderungen, passt sich schnell an und findet sich in neuen Situationen gut zurecht. Sie sieht Fehler als Chance an, ihr Verhalten zu ändern.

Frau Reiser ist eine selbstbewusste junge Frau, die weiß, was sie will, und die bereitwillig Verantwortung übernimmt. Sie ist offen, geht auf Menschen zu und knüpft schnell Kontakte. Sie arbeitet gerne im Team und unterstützt ihre Kollegen. Sie kann ihre Arbeit gut organisieren und arbeitet schnell und sorgfältig. Ihre Arbeitsergebnisse übertreffen unsere Erwartungen. Sie hat unter anderem in der Projektgruppe „Benchmarking" mitgearbeitet, eigene Vorschläge gemacht und war an der Präsentation der Ergebnisse beteiligt.

Frau Reiser pflegt gute Beziehungen zu Kollegen. Gegenüber ihren Vorgesetzten verhält sie sich stets korrekt und loyal.

Ihre Abschlussprüfung hat Frau Reiser mit „gut" bestanden. Wir freuen uns, sie in ein unbefristetes Arbeitsverhältnis zu übernehmen und im Verkaufsinnendienst weiter beschäftigen zu können.

Ort/Datum

Unterschrift

Auszubildende Bankkauffrau

Ausbildungszeugnis

Frau Sabine Braun, geboren am 14. November 1986, wurde vom 1. August 2006 bis 22. Januar 2009 zur Bankkauffrau ausgebildet. Es wurden die Kenntnisse und Fähigkeiten nach der Ausbildungsverordnung vermittelt. Frau Braun besuchte die Bankfachklasse der kaufmännischen Berufsschule und nahm am innerbetrieblichen Unterricht teil. Sie wurde sowohl im kundennahen als auch im bankeninternen Arbeitsbereich in verschiedenen Abteilungen unserer Hauptstelle und in der Zweigstelle am Arbeitsplatz ausgebildet. Sie hat ein einwöchiges Seminar „Wertpapiergeschäft" und den obligatorischen vierwöchigen Abschlusskurs der Sparkassenakademie mit Erfolg besucht.

Frau Braun hat sich gute Fachkenntnisse angeeignet, vor allem im Servicebereich. Sie ist lernwillig und allem Neuem gegenüber aufgeschlossen. Sie kann mit dem PC umgehen und hat gute Internet-Kenntnisse.

Frau Braun hat eine gute Auffassungsgabe und kann sich klar und präzise ausdrücken. Ihr Briefstil kommt bei unseren Kunden an. Sie reagiert flexibel auf Veränderungen und findet sich in neuen Situationen schnell zurecht. Sie sieht Fehler als Chance an, ihr Verhalten zu ändern. Sie ist eine selbstbewusste junge Frau, die weiß, was sie will. Sie ist offen, geht auf Menschen zu und knüpft schnell Kontakte. Sie arbeitet gerne im Team und unterstützt ihre Kollegen. Sie besitzt Einfühlungsvermögen und hat ein Gespür für die Bedürfnisse der Kunden. Sie kann ihre Arbeit gut organisieren, arbeitet sorgfältig und effizient und erzielt gute Ergebnisse. Sie hat in der Projektgruppe „Flexible Arbeitszeiten" engagiert mitgearbeitet, eigene Vorschläge gemacht und Teilergebnisse anschaulich präsentiert.

Frau Braun pflegt gute Beziehungen zu Ausbildern und Kollegen. Gegenüber ihren Vorgesetzten verhält sie sich stets korrekt und loyal.

Die Abschlussprüfung hat Frau Braun mit „gut" bestanden. Wir übernehmen sie gerne in ein unbefristetes Arbeitsverhältnis im kundennahen Bereich unserer Personalreserve.

Ort/Datum

Unterschrift

Steuerfachangestellte

Ausbildungszeugnis

Frau Monika Lang, geboren am 15. Oktober 1988, ist vom 1. September 2005 bis 22. Juli 2008 in unserer Kanzlei zur Steuerfachangestellten ausgebildet worden. Wir haben folgende Kenntnisse und Fertigkeiten nach der Ausbildungsordnung vermittelt:

- Finanzbuchführung
- Lohn- und Gehaltsabrechnung
- Jahresabschlüsse vorbereiten
- Steuerbescheide prüfen
- Steuererklärungen bearbeiten
- Korrespondenz mit Behörden und Mandanten
- Umgang mit PC und Softwareprogrammen

Frau Lang ist eine aufgeweckte und wissbegierige junge Frau mit einer schnellen Auffassungsgabe. Sie hat sich ein Fachwissen angeeignet, das weit über dem Durchschnitt liegt. Sie hat ein gutes Zahlenverständnis und beherrscht MS-Office und die Datev-Programme.

Frau Lang ist umgänglich, besitzt Einfühlungsvermögen und kann sich schnell auf Mandanten einstellen. Sie drückt sich verständlich aus und kann einen Sachverhalt richtig darstellen. Sie reagiert flexibel auf Veränderungen und findet sich schnell in neuen Situationen zurecht. Nach Einweisung arbeitet Frau Lang weitgehend selbstständig. Sie arbeitet fleißig und sorgfältig, auch unter Termindruck. Sie ist zuverlässig, vergisst nichts Wichtiges und erzielt gute Ergebnisse.

Frau Lang kommt mit allen gut aus. Sie ist freundlich und hilfsbereit. Kollegen arbeiten gerne mit ihr zusammen. Ihr Verhalten gegenüber ihren Vorgesetzten ist immer korrekt.

Frau Lang hat ihre Abschlussprüfung mit „gut" bestanden. Wir übernehmen sie gerne in ein unbefristetes Arbeitsverhältnis.

Ort/Datum

Unterschrift

Praktikantin Personalabteilung

Zeugnis

Frau Dorothea Roth, geboren am 2. Februar 1983, war vom 2. Mai bis 30. September 2008 als Praktikantin bei uns tätig.

Sie hat folgende Aufgaben nach Einweisung selbstständig erledigt:

– Allgemeine Büroarbeiten (Schriftverkehr, Post, Ablage)
– Organisation von Seminaren
– Schriftverkehr mit PC
– Personalauswahl
– Sichten und Bewerten von Bewerbungsunterlagen
– Bewerberinterviews
– Beurteilung der Qualifikation (Eignungsprofile erstellen)

Frau Roth besitzt eine gute Auffassungsgabe und hat sich schnell mit den neuen Aufgaben vertraut gemacht. Sie hat sich die Methode des aufgabenorientierten Bewerberinterviews angeeignet und besitzt das notwendige Einfühlungsvermögen, um selbstständig Bewerberinterviews zu führen.

Frau Roth ist eine äußerst zuverlässige Mitarbeiterin, die ihre Aufgaben selbstständig, korrekt und mit Engagement löst. Sie kommt zu guten Ergebnissen. Sie hat den Umzug unserer Firma innerhalb Hamburgs eigenständig organisiert und dafür gesorgt, dass er reibungslos über die Bühne ging.

Frau Roth besitzt gute kommunikative Fähigkeiten. Sie kann mündlich und schriftlich klar formulieren. Sie ist freundlich und hilfsbereit. Ihr Verhalten gegenüber Vorgesetzten und Kunden war stets korrekt.

Wir danken Frau Roth für ihre Mitarbeit und wünschen ihr, dass sie nach dem Studium eine Position finden wird, die ihren Erwartungen und ihren Fähigkeiten entspricht.

Ort/Datum

Unterschrift

Altenpflegerin

Zwischenzeugnis

Frau Anna Baumann, geboren am 3. Juni 1966, ist am 1. April 1997 bei uns eingetreten und als examinierte Altenpflegerin tätig (Teilzeit 25 Stunden).

Ihre Aufgaben sind:

- Grund- und Behandlungspflege
- Pflegeanamnese erheben
- Pflegepläne erstellen
- Prophylaxen anwenden
- Medikamente verabreichen
- Verbandswechsel
- Pflegemaßnahmen dokumentieren
- Patienten zu Arzt- und Behördenterminen begleiten

Voraussetzung für diese Aufgaben ist eine Ausbildung als Altenpflegerin, Einfühlungsvermögen und Engagement.

Mit ihren Kenntnissen und Erfahrungen erzielt Frau Baumann akzeptable Lösungen.

Sie erfasst das Wesentliche und hat einen ausgeprägten Ordnungssinn. Sie ist in der Lage, sich verständlich auszudrücken. Die Dokumentation entspricht den Anforderungen. Sie ist umgänglich, dialogbereit und kommt mit den Patienten zurecht. Sie steht Veränderungen nicht ablehnend gegenüber.

Frau Baumann ist offen, ehrlich, geradeheraus und sagt, was sie denkt. Sie arbeitet weitgehend selbstständig und termingerecht. Sie ist gleichmäßig belastbar und den Anforderungen gewachsen. Ihr Verhalten gegenüber Patienten, Kollegen und Vorgesetzten ist einwandfrei.

Das Zwischenzeugnis wird auf Wunsch von Frau Baumann wegen Wechsel des Vorgesetzten ausgestellt.

Ort/Datum

Unterschrift

Steuerfachangestellte

Zwischenzeugnis

Frau Saskia Schön ist am 1. September 2003 als Auszubildende bei uns eingetreten und hat ihre Ausbildung zur Steuerfachangestellten am 27. Juli 2006 mit Erfolg abgeschlossen. Für diese Zeit haben wir bereits ein Zeugnis ausgestellt.

Unmittelbar nach der Ausbildung haben wir Frau Schön in ein unbefristetes Arbeitsverhältnis übernommen.

Ihre Aufgaben:

– Korrespondenz mit Mandanten, Finanzämtern, Sozialversicherungsträgern
– Unterstützung des Steuerberaters bei der Beratung von Mandanten
– Steuererklärungen bearbeiten
– Finanzbuchführung für Betriebe und Selbstständige
– Lohn- und Gehaltsabrechnung für Handwerksbetriebe
– Vorbereitende Arbeiten für den Jahresabschluss
– Betreuung der Auszubildenden

Für diese Aufgaben sind erforderlich: Fundierte und aktualisierte Fachkenntnisse, selbstständiges Arbeiten auch unter Termindruck, Einfühlungsvermögen, gutes sprachliches Ausdrucksvermögen und pädagogisches Geschick.

Frau Schön ist fachlich kompetent. Sie liest Fachzeitschriften und besucht regelmäßig Seminare, um stets auf dem neuesten Stand zu sein. Sie betreut unsere Auszubildenden und vermittelt ihnen das Gefühl, dass sie jederzeit mit ihren Fragen und Problemen zu ihr kommen können. Sie macht das mit Begeisterung und bleibt keine Antwort schuldig.

Frau Schön ist eine verschwiegene und vertrauenswürdige Mitarbeiterin, die schnell Kontakt zu unseren Mandanten herstellen kann und die Beziehungen pflegt. Sie hat ein sicheres Auftreten, gute Umgangsformen und findet den richtigen Ton im Umgang mit den Mandanten. Sie formuliert klar und anschaulich und bringt den Sachverhalt auf den Punkt. Sie erledigt eigenverantwortlich die Lohn- und Gehaltsabrechnung und die Gewinnermittlung für Handwerksbetriebe. Sie arbeitet selbstständig, zügig, sorgfältig und hält Termine ein. Sie versteht es, ihre Arbeit zu planen und zu strukturieren. Sie macht kaum Fehler und erzielt gute Ergebnisse.

Frau Schön ist offen, ehrlich und kollegial. Sie hat ein gutes Verhältnis zu ihren Vorgesetzten. Mandanten schätzen die angenehme Zusammenarbeit mit ihr.

Frau Schön bereitet sich per Fernkurs und Wochenendlehrgängen auf die Prüfung zur Steuerfachwirtin vor. Das Zwischenzeugnis dient dabei als Nachweis erfolgreicher Berufstätigkeit. Wir sind zuversichtlich, dass Frau Schön die Prüfung vor der Steuerberaterkammer besteht und hoffen auf eine weiterhin gute Zusammenarbeit.

Ort/Datum

Unterschrift

Einkäuferin

Zwischenzeugnis

Frau Susanne Blitz, geboren am 1. Mai 1977, ist seit 1. April 1998 als Einkäuferin bei uns beschäftigt.

Ihre Aufgaben sind unter anderem:

- Bezugsquellenermittlung
- Verhandlungen mit Lieferanten
- Bestellungen bearbeiten (EDV)
- Reklamationsbearbeitung
- Pflege von Stammdaten
- Inventur

Für diese Position sind gute kommunikative Fähigkeiten notwendig, vor allem Verhandlungsgeschick und Organisationstalent.

Frau Blitz ist eine intelligente, ehrgeizige junge Frau, die mit viel Engagement und Organisationstalent die Abteilung Einkauf in unserem Unternehmen aufgebaut hat. Sie ist unter anderem für den Einkauf von Farben, Papier, Lösemittel, Verpackungsmaterial und Büromaterial zuständig. Das Einkaufsvolumen beträgt circa 7 Millionen Euro.

Sie hat sich ein fundiertes Fachwissen angeeignet, beherrscht die Anwendung von Word und Excel und hat sehr gute englische Sprachkenntnisse.

Frau Blitz stellt sich rasch auf ihre Gesprächspartner ein, kann gut zuhören, besitzt Verhandlungsgeschick und kann schnell eine positive Beziehung herstellen. Sie tritt selbstsicher auf und ist eine angenehme Erscheinung.

Sie arbeitet selbstständig, denkt unternehmerisch, bewältigt hohen Arbeitsanfall, verfolgt mit Ausdauer ihre Ziele und erzielt gute Ergebnisse. Es ist ihr gelungen, die Einkaufspreise kontinuierlich zu senken. Sie hat unter anderem ein Punktesystem zur Bewertung von Lieferanten entwickelt, das zu einer besseren Zusammenarbeit führt, Engpässe vermeiden hilft und die Liefertreue erhöht.

Frau Blitz ist belastbar, äußerst zuverlässig und vertrauenswürdig. Sie ist Neuem gegenüber aufgeschlossen, ergreift die Initiative und übernimmt gerne Verantwortung. Sie arbeitet konstruktiv mit anderen zusammen. Ihr Verhältnis zu Kollegen ist gut, ihr Verhalten gegenüber Vorgesetzten stets einwandfrei.

Dieses Zwischenzeugnis wird auf Wunsch von Frau Blitz ausgestellt.

Ort/Datum

Unterschrift

Kundenberater Außendienst

Zwischenzeugnis

Herr Sven Klatte, geboren am 2. Mai 1971, ist seit 1. Oktober 1999 als Kundenberater im Außendienst bei uns beschäftigt.

Seine Aufgaben sind unter anderem:

- Kundenberatung im Komposit- und Fondgeschäft, in der Lebens-, Kranken-, Kfz-Haftpflicht-, Hausrat-, Privathaftpflicht-, Rechtsschutz-, Unfall- und Gebäudeversicherung
- Akquisition von Privatkunden
- Kundenstamm sichern und ausbauen
- Telefonberatung und -verkauf
- Schadensaufnahme beim Kunden

Bei dieser Tätigkeit kommt es darauf an, schnell Kontakt zu potenziellen Kunden zu knüpfen, eine positive Beziehung aufzubauen und überzeugend zu argumentieren, um zu einem Abschluss zu kommen.

Herr Klatte ist ein engagierter Mitarbeiter, der fachlich kompetent ist. Mit viel Geduld und Ausdauer kann er Interessenten zum Abschluss bewegen.

Er hat sich ständig weitergebildet und Seminare (EDV) besucht. Er beherrscht die gängigen MS-Office-Anwendungen und kommt mit dem Laptop hervorragend zurecht. Er kann sich schnell auf seine Gesprächspartner einstellen und vermittelt Vertrauen. Er hat eine optimistische Grundhaltung.

Er arbeitet korrekt, systematisch und ergebnisorientiert. Er ist ein fleißiger und zuverlässiger Mitarbeiter, der mit Ausdauer seine Ziele verfolgt.

Herr Klatte arbeitet konstruktiv mit anderen zusammen. Zu Kunden ist er stets freundlich. Sein Verhalten gegenüber der Firma und seinen Vorgesetzten ist loyal und korrekt. Zu Kollegen hat er ein gutes Verhältnis.

Das Zwischenzeugnis wird auf Wunsch wegen Wechsel des Vorgesetzten ausgestellt.

Ort/Datum

Unterschrift

Leiter Materialwirtschaft

Zwischenzeugnis

Herr Martin Ossenkopp, geb. am 2. März 1961, ist seit 1. Oktober 1997 als Leiter Materialwirtschaft/Einkauf bei uns beschäftigt.

Aufgaben/Verantwortung:

- Personalverantwortung (acht Mitarbeiter)
- Beschaffungsstrategie und Beschaffungsaktivitäten im internationalen Produktionsverbund festlegen
- Prozessoptimierung, Identifizierung und Umsetzung von Kostensenkungen und Rationalisierungspotentialen
- Abwicklung von Investitionen (maschinentechnisch) China und Australien
- Gesamtprokura

Für diese Position ist internationale Erfahrung im Einkauf, strategisches Denken, Verhandlungsgeschick und verhandlungssicheres Englisch erforderlich.

Herr Ossenkopp ist ein hervorragender Fachmann, der auch schwierige Aufgaben souverän löst. Er hat gute EDV-Kenntnisse (MS-Office) und kennt sich im Internet aus. Sein Englisch ist verhandlungssicher.

Herr Ossenkopp denkt und handelt unternehmerisch. Er kann Konzepte entwickeln und umsetzen, besitzt Organisationstalent und in besonderem Maße Verhandlungsgeschick. Er argumentiert überzeugend und kann die Ergebnisse anschaulich präsentieren.

Herr Ossenkopp hat eine optimistische Grundhaltung, ist begeisterungsfähig, besitzt Einfühlungsvermögen, kann zuhören und ist Neuem gegenüber aufgeschlossen. Er weiß, was er will, und verfolgt seine Ziele mit Ausdauer.

Er arbeitet selbstständig, schnell, effizient, sorgfältig und erzielt sehr gute Ergebnisse. Auch unter Termindruck arbeitet er überlegt und sicher.

Er ergreift die Initiative und treibt die Dinge voran. Er hat unter anderem neben seiner täglichen Arbeit eine Fördergesellschaft „Zulieferindustrie" gegründet mit dem Zweck, eine Basis für eine Einkaufskooperation zu haben und branchenbezogene Innovationen der Zulieferindustrie zu initiieren. Er wurde inzwischen zum Geschäftsführer der Gesellschaft bestellt.

Herr Ossenkopp hat als Projektleiter SAP MM erfolgreich eingeführt. Außerdem hat er aktiv bei der Dezentralisierung des Spartengeschäfts mitgewirkt.

Er hat seinen Verantwortungsbereich bestens organisiert und effizient ausgerichtet. Mit seinen Mitarbeitern hat er klar formulierte, realistische Ziele vereinbart. Er kontrolliert ergebnisorientiert und unterstützt seine Mitarbeiter bei ihren Aufgaben. Er ist als Vorgesetzter anerkannt.

Herr Ossenkopp arbeitet konstruktiv mit anderen zusammen. Sein Verhältnis zu Kollegen ist gut, das Verhalten gegenüber Vorgesetzten stets einwandfrei.

Dieses Zwischenzeugnis wird auf Wunsch von Herrn Ossenkopp wegen der Firmenfusion mit ABC ausgestellt. Wir hoffen auf weiterhin erfolgreiche Zusammenarbeit.

Ort/Datum

Unterschrift

Kommissionierer

Zwischenzeugnis

Herr Bernd Nannen, geboren am 13. April 1980, ist seit 1. April 2005 als Kommissionierer in unserer Expeditionsabteilung beschäftigt.

Seine Aufgaben sind:

- Zusammenstellen der auszuliefernden Ware nach EDV-Listen
- Kontrolle der ausgehenden Ware
- Ordnung und Sauberkeit im Lager

Für diese Aufgabe ist ein ausgeprägter Ordnungssinn, Eigenverantwortung und Zuverlässigkeit erforderlich.

Herr Nannen ist ein freundlicher, umgänglicher junger Mann, der praktisch veranlagt ist und einen gesunden Menschenverstand hat. Er packt seine Aufgaben tatkräftig an und hat eine positive Einstellung zur Arbeit. Er ist fleißig, zuverlässig und pünktlich. Er arbeitet selbstständig, schnell, sorgfältig und ist äußerst zuverlässig. Er verhält sich kollegial, ist hilfsbereit und kommt mit allen gut aus. Sein Verhalten gegenüber seinen Vorgesetzten ist immer korrekt.

Das Zwischenzeugnis wird auf Wunsch von Herrn Nannen ausgestellt. Wir hoffen auch weiterhin auf eine gute Zusammenarbeit.

Ort/Datum

Unterschrift

Account Manager

Zwischenzeugnis

Herr Peter Müller, geboren am 8. Oktober 1966, ist seit 1. Oktober 2001 als Account Manager in unserer Niederlassung XY beschäftigt.

Seine Aufgaben im Global Key Account Management sind:

- Aufbau einer Verkaufsorganisation in Norddeutschland
- Betreuung von Großkunden weltweit, Ausbau der bestehenden Geschäfte
- Neukundengeschäft:
  - Kundenbeziehungen anbahnen
  - Qualifizierung
  - Angebote abgeben
  - Aufbau von virtuellen Teams

Für diese Aufgabe sind ein betriebswirtschaftliches Studium, Erfahrung im Verkauf (IT-Branche) und gute kommunikative Fähigkeiten notwendig. Da in virtuellen Teams gearbeitet wird, sind sehr gute englische Sprachkenntnisse in Wort und Schrift erforderlich.

Herr Müller ist fachlich kompetent und löst mit seinem Können auch schwierige Aufgaben und Probleme. Er besitzt Berufserfahrung im Sales Management und hervorragende IT-Kenntnisse: WAN, Design, ATM, IPVPM, FR, X 25, VSAT.

Neben seiner Muttersprache spricht Herr Müller fließend spanisch und englisch, was bei der globalen Ausrichtung unseres Unternehmens sehr vorteilhaft ist.

Herr Müller hat sich beruflich weitergebildet und ist fachlich auf der Höhe der Zeit. Er hat Seminare besucht zu den Themen IPUPP,

TAS (Siebel), Security, ATM und FR. Er hat eine gute Auffassungsgabe und erkennt schnell, worauf es ankommt. Er hat Ideen, entwickelt Konzepte und setzt sie um. Er ist geschickt bei Verhandlungen und erzielt gute Erfolge. Er kann einen Sachverhalt präzise darstellen und anschaulich vermitteln.

Herr Müller ist sehr beweglich und stellt sich rasch auf neue Situationen ein. Er besitzt ein gutes Einfühlungsvermögen und weiß, was Kunden wollen. Er ist glaubwürdig und steht zu dem, was er sagt. Er hat ein offenes Wesen, ist kommunikativ, schließt vernünftige Kompromisse und spielt im Team eine aktive Rolle. Er arbeitet selbstständig, verfolgt seine Ziele mit großer Ausdauer und erzielt gute Ergebnisse.

Die Wünsche unserer Kunden haben bei Herrn Müller Vorrang. Er macht alles, um die Erwartungen der Kunden zu erfüllen. Es ist ihm gelungen, die Umsätze des bestehenden Kundengeschäfts erheblich zu steigern. (Die Revenue Orders liegen im siebenstelligen Bereich.)

Herr Müller hat gute Managementfähigkeiten. Er plant und organisiert seine Arbeit systematisch und führt die virtuellen Teams effektiv. Er versteht es ganz besonders, technische Lösungen zu optimieren und mit der Wirtschaftlichkeit in Einklang zu bringen.

Kunden schätzen die angenehme Zusammenarbeit mit ihm. Er ist sehr hilfsbereit und kollegial. Das Verhalten gegenüber seinem Vorgesetzten ist stets korrekt.

Das Zwischenzeugnis wird auf Wunsch von Herrn Müller ausgestellt.

Ort/Datum

Unterschrift

Leiter Forschung und Entwicklung

Zwischenzeugnis

Herr Dr. Jörn Mahler, geboren am 9. Juni 1961, ist am 1. April 1999 als Leiter Forschung und Entwicklung in unser Unternehmen eingetreten.

Seine Aufgaben sind unter anderem:
- Personalverantwortung für vier Mitarbeiter
- Budgetverantwortung
- Entwicklung und Optimierung von diätetischen Produkten
- Ernährungswissenschaftliches Marketing: Ausarbeitung von Claims, Verpackungstexten, lebensmittelrechtliche Prüfung
- Evaluierung neuer Rohstoffe für Health Claims
- Lieferantensuche und -auswahl
- Verhandlungen von Lizenzverträgen
- Abschluss von Forschungsverträgen

Auf seinem Gebiet ist Herr Dr. Mahler eine fachliche Autorität. Er hat gute lebensmittelrechtliche Kenntnisse. Er hat sich beruflich weitergebildet und ist fachlich auf der Höhe der Zeit. Er hat Seminare besucht, wissenschaftliche Fachliteratur studiert und Kongresse besucht. Er besitzt sehr gute EDV-Kenntnisse in Text, Graphik, Präsentation, Kalkulation und Statistik, Outlook und Internet. Sein Englisch ist verhandlungssicher.

Herr Dr. Mahler ist kreativ und kann andere begeistern. Er sucht und findet neue Lösungen. Er bereitet Vorträge und Präsentationen professionell vor. Seine Gedanken kann er klar und anschaulich darstellen. Bei Verhandlungen ist er sehr geschickt, wahrt immer die Interessen des Unternehmens und erzielt gute Erfolge. Er geht unbefangen an neue Dinge heran und engagiert sich mit Begeisterung. Er ist sehr beweglich und stellt sich rasch auf neue

Situationen ein. Er findet leicht Kontakt, ist offen in seiner Kommunikation und arbeitet kooperativ mit anderen zusammen. Er arbeitet selbstständig, schnell, effizient und sorgfältig. Er arbeitet auch unter Termindruck überlegt und sicher.

Die vereinbarten Ziele hat er immer erreicht. Er arbeitet sehr erfolgreich an der Weiterentwicklung der Diät- und Reformsortimente. Er liefert wesentliche Beiträge zur Sicherung wettbewerbsfähiger Produktbenefits. Durch sein Engagement ist der Anteil der neuen Produkte in den letzten zwei Jahren auf x Prozent gestiegen.

Er hat unter anderem eine neue Software initiiert und mit der Fachabteilung entwickelt: Verwaltung von Rohstoff-Spezifikationen. Außerdem hat er eine Software zur Überwachung für die Projekte aller Abteilungen realisiert. Er hat mit Wissenschaftlern und Experten aus dem In- und Ausland zusammengearbeitet und neue ernährungsphysiologische und technische Erkenntnisse in einer Datenbank erfasst und für die praktische Arbeit genutzt. Er arbeitet sehr engagiert in den Verbänden mit, vor allem im Diätverband und Getreidenährmittelverband.

Herr Dr. Mahler versteht es, seine Arbeit zu planen, zu strukturieren und zu organisieren. Er setzt alles daran, die Wünsche und Erwartungen unserer Kunden zu erfüllen. Er gibt seinem Team Impulse, ermutigt die Mitarbeiter, eigene Vorschläge zu machen und unterstützt sie dabei, ihre Fähigkeiten einzusetzen und ihre Stärken zu entfalten. Er delegiert Aufgaben und Verantwortung, hat Vertrauen in die Fähigkeiten seiner Mitarbeiter und gibt ihnen Freiräume für eigene Entscheidungen. Er informiert sie rechtzeitig und umfassend, vereinbart Ziele und Leistungsstandards und kontrolliert den Arbeitsfortschritt und die Ergebnisse.

Besprechungen moderiert er souverän und effizient. Auch schwierige Mitarbeitergespräche führt er mit Geschick und Einfühlungsvermögen. Bei Konflikten sucht er faire und konstruktive Lösungen. Er sagt seinen Mitarbeitern, was er von ihnen erwartet und gibt ihnen eine Rückmeldung über ihre Leistungen.

Als Führungskraft sucht er ständig nach Möglichkeiten, die Aufgaben besser zu erledigen und die Arbeitsabläufe zu straffen. Er geht dabei auch neue Wege. Er hat guten Kontakt zu seinen Mitarbeitern. Das Arbeitsklima ist entspannt. Die Mitarbeiter vertrauen ihm. Er arbeitet konstruktiv mit anderen zusammen, verhält sich kollegial und hat ein gutes Verhältnis zu seinem Vorgesetzten.

Das Zwischenzeugnis wird auf Wunsch von Herrn Dr. Mahler wegen Wechsel des Vorgesetzten ausgestellt.

Ort/Datum

Unterschrift

Abteilungsleiter wissenschaftliches Institut

Zwischenzeugnis

Herr Dr. Thorsten Klammer, geboren am 23. April 1957, ist seit 1. April 1987 bei uns beschäftigt, zunächst als wissenschaftlicher Mitarbeiter, dann hat er die Abteilung XY aufgebaut, die er seit 1992 leitet.

Seine Aufgaben sind:
– Personalverantwortung für zehn Mitarbeiter
– Personalauswahl und Personalentwicklung
– Ergebnisverantwortung
– Umsatzplanung
– Kontakte zu Projektträgern, Projektförderern und Verbänden
– Akquisition öffentlicher Mittel zur Finanzierung von Forschungsprojekten
– Akquisition von Industrieaufträgen
– Vertragsverhandlungen und Abschluss von Verträgen
– Besuch und Präsentationen bei Kongressen und Messen (In- und Ausland)
– Präsentationen bei Kunden

Herr Dr. Klammer ist eine fachliche Autorität. Mit seinem exzellenten Fachwissen und seiner langen Berufserfahrung löst er auch schwierige Aufgaben und Probleme souverän. Für seine wissenschaftlichen Leistungen wurde er 1997 mit dem X-Preis ausgezeichnet. Außerdem ist Herr Dr. Klammer als Gutachter für die Europäische Kommission tätig.

Herr Dr. Klammer hat sich ständig beruflich weitergebildet und ist auf der Höhe der Zeit. Sein Fachwissen hat er durch seine Teilnahme an Tagungen und Kongressen im In- und Ausland ständig erweitert. Er hat Seminare besucht, unter anderem zu den Themen Projektmanagement, Zeitmanagement und Immissionsschutz.

Sein Englisch ist exzellent, die EDV-Kenntnisse entsprechen den Anforderungen der Aufgabe.

Herr Dr. Klammer ist kreativ und kann andere begeistern. Er sucht und findet neue Lösungen. Er versteht es, seine Arbeit zu planen, zu strukturieren und zu organisieren. Er arbeitet effizient und reagiert flexibel auf Veränderungen. Er denkt strategisch und argumentiert überzeugend. Vorträge und Präsentationen bereitet er professionell vor. Seine Gedanken kann er klar und anschaulich darstellen. Bei Verhandlungen ist er sehr geschickt, wahrt immer die Interessen des Unternehmens und erzielt sehr gute Erfolge. Er moderiert Besprechungen und Kongresse souverän und effizient.

Herr Dr. Klammer hat ein sicheres Gespür für die Reaktion der Kunden und kann sich schnell darauf einstellen. Er ist glaubwürdig und steht zu dem, was er sagt. Er hat ein sicheres Auftreten und gute Umgangsformen. Er kommuniziert offen, geht auf Menschen zu, arbeitet konstruktiv mit anderen zusammen und trägt Konflikte fair aus.

Herr Dr. Klammer hat wesentlich zum Erfolg unseres Instituts beigetragen. Er arbeitet auch unter Termindruck schnell, sorgfältig und effizient und erzielt sehr gute Ergebnisse. Er hat gute Kontakte im In- und Ausland geknüpft und konnte deshalb neue Märkte erschließen, Kunden gewinnen und große Projekte im Bereich Forschung und Entwicklung akquirieren. In diesem Jahr hat er den Auftragsbestand gegenüber dem Vorjahr verdoppelt. Er hat die Forschungsergebnisse seiner Abteilung in mehr als 60 Vorträgen im In- und Ausland vorgestellt und in nationalen und internationalen Fachzeitschriften publiziert.

Herr Dr. Klammer hat ein gutes Gespür und eine sichere Hand bei Auswahl und Einsatz seiner Mitarbeiter. Er delegiert Aufgaben und Verantwortung, gibt seinem Team Impulse, ermutigt seine Mitarbeiter, eigene Vorschläge zu machen, und unterstützt sie dabei, ihre Fähigkeiten einzusetzen und ihre Stärken zu entfalten. Er hat ein partnerschaftliches Verhältnis zu seinen Mitarbeitern, ist offen für Kritik und gesteht eigene Fehler ein. Es besteht ein gegenseitiges Vertrauensverhältnis. Das Arbeitsklima ist entspannt. Zu seinen Kollegen hat er ein gutes Verhältnis. Das Verhalten gegenüber seinem Vorgesetzten ist stets korrekt.

Das Zwischenzeugnis wird auf Wunsch von Herrn Dr. Klammer wegen Wechsel des Institutsleiters ausgestellt.

Ort/Datum

Unterschrift

Erzieherin

Zeugnis

Frau Maria Lang, geboren am 18. März 1974, ist seit dem 1. Juli 1998 als Erzieherin (Gruppenleiterin) bei uns in Vollzeit beschäftigt.

Wir sind eine Kindertagesstätte des XY Wohlfahrtsverbandes mit fünf Gruppen und circa 100 Kindern.

Frau Langs Aufgaben sind:

- Pädagogische und organisatorische Betreuung einer gemischten Gruppe von Kindern zwischen drei und sechs Jahren
- Elternabende vorbereiten, Gespräche mit Eltern
- Organisation von Festen und Ausflügen
- Mitarbeit an der Weiterentwicklung des pädagogischen Konzepts

Für diese Position sind die wichtigsten Anforderungen: Einfühlungsvermögen, Fantasie, pädagogisches Geschick, Improvisations- und Organisationsvermögen.

Frau Lang ist fachlich kompetent, berufserfahren und kann ihr Wissen gut umsetzen. Sie hat sich beruflich weitergebildet und Seminare besucht, unter anderem zum Thema „Zusammenarbeit mit den Eltern". Sie kann gut mit dem PC umgehen. Sie denkt logisch und geht an die Dinge systematisch heran. Sie gibt ihr Wissen mit pädagogischem Geschick weiter. Sie hat Fantasie und begeistert die Kinder für alte und neue Spiele. Sie bastelt mit den Kindern, malt, erzählt Geschichten und übt mit ihnen Lieder ein, die sie auf der Gitarre begleitet.

Frau Lang kann sich klar und verständlich ausdrücken und andere überzeugen. Sie ist offen, hört zu, zeigt Einfühlungsvermögen und kann gut mit Kritik umgehen. Sie arbeitet konstruktiv im Team mit und unterstützt Kollegen, die Hilfe brauchen.

Frau Lang ist fröhlich und lebendig. Die Kinder mögen sie, und die Eltern vertrauen ihr. Sie arbeitet selbstständig und gewissenhaft. Sie kann gut organisieren und kommt mit neuen Situationen schnell zurecht. Sie übernimmt gerne Verantwortung und erzielt gute Arbeitsergebnisse. Sie hat unter anderem in der Projektgruppe „Corporate Identity" mitgearbeitet, eigene Vorschläge gemacht und damit zum Erfolg beigetragen.

Frau Lang kommt mit ihrer Vorgesetzten und mit den Kolleginnen gut aus. Sie ist freundlich und hilfsbereit. Ihr Verhalten ist stets loyal und korrekt.

Heute verlässt Frau Lang unsere Einrichtung auf eigenen Wunsch. Wir bedauern das sehr, danken ihr für die engagierte Mitarbeit und wünschen ihr für ihren weiteren Berufsweg viel Erfolg.

Ort/Datum

Unterschrift

Heilpädagoge

Zeugnis

Herr Rolf Späth, geboren am 3. April 1962, ist seit dem 1. April 1998 als Heidpädagoge und Leiter der Integrationsgruppe in unserer Einrichtung tätig.

Seine Aufgaben sind unter anderem:

- Leitung der Integrationsgruppe (zwei Mitarbeiter)
- Anamnese und Verhaltensbeobachtung der verhaltensauffälligen und behinderten Kinder einschließlich der Formulierung der Entwicklungsberichte
- Gespräche führen mit Eltern und Jugendämtern

Die Tätigkeit erfordert Erfahrung mit verhaltensauffälligen Kindern, viel Einfühlungsvermögen, Geduld und die Fähigkeit, mit den Eltern zu kooperieren.

Herr Späth ist fachlich qualifiziert und besitzt Berufserfahrung als Heilerziehungspfleger und Heilpädagoge. Er hat gute Ideen, kann sich klar ausdrücken und ist stets bereit, sich weiterzubilden. Er hat unter anderem ein Drei-Tages-Seminar zum Thema „Zusammenarbeit mit Eltern" besucht.

Herr Späth hat eine optimistische Grundhaltung, ein fröhliches und freundliches Wesen und besitzt Empathie, was für seine Aufgabe unerlässlich ist. Er kann gut zuhören, ist geduldig und handelt besonnen.

Es ist ihm mit seiner Ruhe und Ausgeglichenheit gelungen, innerhalb kurzer Zeit ein gutes Verhältnis zu den Kindern herzustellen. Kinder und Eltern haben Vertrauen zu ihm. Die Zusammenarbeit innerhalb der Integrationsgruppe ist gut.

Herr Späth übernimmt bereitwillig Verantwortung und arbeitet mit großem Engagement. Er macht Vorschläge, erarbeitet Konzepte und setzt sie um. Er hat das Projekt „Gesunde Ernährung" initiiert (Einkaufen auf dem Wochenmarkt, Film über Zahnpflege, Kochen, Backen usw.).

Herr Späth ist ein zuverlässiger Mitarbeiter, der wertvolle Arbeit leistet. Er kommt mit seinen Mitarbeitern und Kollegen gut zurecht. Sein Verhalten gegenüber seinen Vorgesetzten ist immer korrekt.

Heute scheidet Herr Späth auf eigenen Wunsch aus persönlichen Gründen bei uns aus. Wir bedauern dies, danken ihm für seine Mitarbeit und wünschen ihm für die Zukunft alles Gute.

Ort/Datum

Unterschrift

Leiterin Sozialstation

Zeugnis

Frau Karin Stark ist seit 1. Oktober 1994 als Leiterin der Sozialstation bei uns beschäftigt.

Aufgaben/Verantwortung:
- Personalverantwortung (180 Mitarbeiter)
- Zivildienstbeauftragte (Betreuung, Organisation)
- Personalangelegenheiten (Personalauswahl, Personalentwicklung, Abmahnungen, Kündigungen, Zeugnisse)
- Erstellen und Überwachen des Haushaltsplans
- Pflegenotdienst (Verträge, Anleitung, Jahresauswertung)
- Außenvertretung (Landesverband, Netzwerktreffen etc.)
- Organisation und Koordination der Arbeitsabläufe
- Verantwortung für die Einhaltung gesetzlicher Vorschriften
- Akquisition (Konzeption und Umsetzung)

Für diese Führungsaufgabe sind Erfahrung im sozialen Bereich und der ambulanten Pflege erforderlich, Führungseigenschaften, Empathie, unternehmerisches Denken und der Wille, Neues anzustoßen.

Frau Stark ist fachlich qualifiziert und hat gute EDV-Kenntnisse (Word, Excel). Sie kann Konzepte entwickeln und in die Praxis umsetzen, kann anschaulich erklären und ist stets bereit, sich weiterzubilden. Sie hat unter anderem Seminare besucht zu den Themen Personalführung, Pflegeversicherung, Betriebswirtschaft und Arbeitsrecht.

Frau Stark hat eine optimistisch-realistische Grundhaltung und besitzt Empathie, was für ihre Aufgabe unerlässlich ist. Sie kann gut zuhören, ist geduldig und arbeitet kundenorientiert. Sie verfolgt ihre Ziele mit langem Atem und versteht es, Kundenwünsche und Wirtschaftlichkeit in Einklang zu bringen. Frau Stark hat die

Sozialstation mit großem Engagement aufgebaut. Sie hat Ideen eingebracht, Veränderungen angeschoben und neue Geschäftsfelder erschlossen. Sie hat mit viel organisatorischem Geschick EDV-Abrechnungs- und -Einsatzplanungsprogramme eingeführt und die Umstellung auf die Pflegeversicherung erfolgreich vollzogen. Unter ihrer Leitung hat sich das Dienstleistungsangebot der Sozialstation qualitativ und quantitativ erheblich verbessert.

Frau Stark hat ihren Verantwortungsbereich bestens organisiert und effizient ausgerichtet. Sie hat ein gutes Gespür und eine sichere Hand bei Auswahl und Einsatz ihrer Mitarbeiter. Sie besitzt gute Führungseigenschaften, kommuniziert offen, gibt Informationen weiter und delegiert Aufgaben und Verantwortung. Sie ist als Vorgesetzte anerkannt.

Frau Stark arbeitet selbstständig, schnell, effizient und erzielt sehr gute Ergebnisse. Sie hat im Jahre 1997 für die ganze Stadt den Pflegenotdienst eingeführt, den sie bis heute betreut.

Ihren Mitarbeitern setzt Frau Stark realistische Ziele und unterstützt sie bei der Bewältigung ihrer Aufgaben. Sie hat eine klare Vorstellung davon, was getan werden muss und setzt Arbeitsmittel und Material kostenbewusst ein.

Sie arbeitet konstruktiv mit anderen zusammen, verhält sich kollegial und kommt mit den Kooperationspartnern gut zurecht. Ihr Verhalten gegenüber Vorgesetzten ist stets korrekt.

Heute verlässt Frau Stark unsere Einrichtung, um sich beruflich weiterzuentwickeln und innerhalb des Verbandes eine neue Aufgabe zu übernehmen. Wir danken ihr für ihre engagierte Mitarbeit und wünschen ihr für ihre berufliche Zukunft weiterhin viel Erfolg.

Ort/Datum

Unterschrift

Pflegehelferin

Zeugnis

Frau Renate Helmers, geboren am 12. August 1962, ist seit dem 1. Juli 1999 als Pflegehelferin bei uns beschäftigt (Vollzeit 38,5 Stunden).

Ihre Aufgaben sind:

- Grundpflege: waschen, baden, duschen, Mund-, Zahn- und Haarpflege
- Prophylaxen: Dekubitus, Kontrakturen, Pneumonie, Thrombose
- Nach Anleitung: selbstständig Blutdruck und Puls messen sowie Kompressionsverbände anlegen
- Hauswirtschaftliche Versorgung pflegebedürftiger Menschen
- patientenbezogene Dokumentation führen

Frau Helmers ist eine kenntnisreiche Mitarbeiterin, die ihre Aufgaben und Probleme hervorragend bewältigt. Sie weiß schnell, worum es geht und macht auch in Notfällen das Richtige. Die Dokumentation ist fachlich und sprachlich korrekt.

Sie kann zuhören, findet schnell Kontakt und kann sehr gut mit Patienten und ihren Angehörigen umgehen. Es gelingt ihr, ein Klima des Vertrauens und der Sicherheit zu schaffen. Sie ist flexibel und stellt sich schnell auf die Patienten ein. Sie arbeitet selbstständig, schnell, effizient und erzielt sehr gute Ergebnisse. Auch unter Zeitdruck handelt sie überlegt und sicher. Sie sorgt dafür, dass die hohen Qualitätsstandards eingehalten werden.

Sie ist freundlich und hilfsbereit. Mit Vorgesetzten, Kollegen und Patienten kommt sie sehr gut aus.

Frau Helmers verlässt heute unsere Einrichtung auf eigenen Wunsch. Wir bedauern ihr Ausscheiden sehr, bedanken uns für die engagierte Mitarbeit und wünschen ihr weiterhin auf ihrem Berufsweg viel Erfolg.

Ort/Datum

Unterschrift

Pflegedienstleiter

Zeugnis

Herr Jens Peter, geboren am 27. August 1967, ist seit dem 1. Juli 1998 als Pflegedienstleiter in unserer Sozialstation beschäftigt.

Seine Aufgaben sind im Wesentlichen:

- Personalverantwortung ambulante Pflege (25 Mitarbeiter)
- Vertretung der Stationsleitung
- Telefonische und persönliche Beratung
- Dienst- und Urlaubsplanung
- Kostenerklärungen gegenüber Kostenträgern
- Personalbeschaffung ambulante Pflege
- Qualitätsmanagement: Pflegedokumentation, Pflegekonzept, Pflegestandards, Pflegenotruf
- Einweisung neuer Mitarbeiter
- Ausbildung von Krankenpflegeschülern und Praktikanten

Herr Peter ist fachlich kompetent, berufserfahren und kann sein Wissen gut umsetzen. Er nutzt interne und externe Weiterbildungsangebote. Er hat Seminare besucht zu den Themen Pflege, Arbeitsrecht und Telefonverkauf. Er hat gute EDV-Kenntnisse: Word, Excel, Hy Care ambulant.

Herr Peter ist offen, hört zu, zeigt Einfühlungsvermögen und kann gut mit Kritik umgehen. Er ergreift die Initiative, treibt die Dinge voran, räumt Hindernisse aus dem Weg und nimmt die Teammitglieder für sich ein. Er ist lernfähig und stellt sich schnell auf neue Situationen ein.

Er hat eine optimistisch-realistische Grundhaltung, ist freundlich und hilfsbereit und kann sich durchsetzen. Er ist belastbar und bewältigt hohen Arbeitsanfall. Er hat Überblick, kann Prioritäten setzen, setzt die Arbeitsmittel wirtschaftlich ein und leistet gute Arbeit. Er hat an der Konzeption und Umsetzung einer neuen Pflegedokumentation und der Pflegestandards maßgebend mitgewirkt.

Er besitzt gute Führungseigenschaften, kommuniziert offen, gibt Informationen weiter und delegiert Aufgaben und Verantwortung. Er erreicht immer die gesteckten Ziele. Seine Mitarbeiter vertrauen ihm. Es gelingt ihm, Patientenzuwendung und Wirtschaftlichkeit in Einklang zu bringen.

Er verhält sich kollegial, mit Patienten kommt er gut zurecht. Zu seiner Vorgesetzten besteht ein Vertrauensverhältnis.

Herr Peter verlässt heute unsere Einrichtung auf eigenen Wunsch. Wir bedauern das Ausscheiden dieses tüchtigen Mitarbeiters, danken ihm für seine konstruktive Mitarbeit und wünschen ihm für seinen weiteren Berufsweg viel Erfolg.

Ort/Datum

Unterschrift

Einsatzleiterin ambulante Pflege

Zeugnis

Frau Maria Kunz, geboren am 13. September 1961, ist seit 1. Oktober 1989 bei uns beschäftigt (Vollzeit 38,5 Stunden). Sie war bis Mai 1993 als Altenpflegehelferin eingesetzt, danach als examinierte Altenpflegerin. Seit September 1998 ist sie als Einsatzleiterin ambulante Pflege in unserer Einrichtung tätig.

Das Dienstleistungsangebot unserer Sozialstation richtet sich an kranke, behinderte und betreuungsbedürftige Menschen und deren Angehörige im Stadtteil.

Ihre Aufgaben als Einsatzleiterin sind:

– Führung der Pflegemitarbeiter (25)
– Mitwirkung bei der Personaleinstellung
– Dienst- und Einsatzplanung
– Dienstbesprechungen
– Beratung von Kunden und Angehörigen
– Pflegeplanung
– Vertragsverhandlungen und -abschlüsse mit Kunden
– Klärung von Kosten und Leistungen der Kostenträger
– Qualitätskontrollen
– Kooperation mit anderen Hilfsdiensten
– Konzeptionelle Mitarbeit innerhalb der Einrichtung

Frau Kunz hat sich beruflich weitergebildet und Seminare besucht zu den Themen:
– Einsatzplanung in der ambulanten Pflege,
– Validation, Umgang mit Verwirrten
– Krankenpflege in der Familie

Frau Kunz hat berufsbegleitend von April 1998 bis Januar 2000 an einer Weiterbildung zur leitenden Pflegekraft mit Erfolg teilgenommen.

Sie ist eine kenntnisreiche Mitarbeiterin, die Aufgaben und Probleme gut löst. Frau Kunz hat eine gute Auffassungsgabe. Sie plant und organisiert ihre Arbeit systematisch. Bei der Anleitung der Mitarbeiter in der Pflege zeigt sie großes pädagogisches Geschick. Sie drückt sich klar und verständlich aus und vermittelt ihre Gedanken anschaulich. Sie ist eine geschickte Verhandlungspartnerin und argumentiert überzeugend. Die Dokumentation ist sachgerecht und treffend formuliert.

Frau Kunz kann zuhören, findet schnell Kontakt und kann sehr gut mit Kunden und ihren Angehörigen umgehen. Es gelingt ihr, ein Klima des Vertrauens und der Sicherheit zu schaffen. Sie setzt sich mit Kritik auseinander.

Sie arbeitet konstruktiv im Team und unterstützt Kollegen und Mitarbeiter, die Hilfe brauchen. Es gelingt ihr, die Wünsche und Bedürfnisse der Kunden mit der Wirtschaftlichkeit in Einklang zu bringen.

Frau Kunz ist eine freundliche, hilfsbereite Mitarbeiterin, aufrichtig und vertrauenswürdig. Sie ist äußerst zuverlässig, strahlt Ruhe aus und hat viel Geduld. Sie arbeitet selbstständig, sorgfältig und systematisch. Sie ist belastbar und bewältigt hohen Arbeitsanfall. Sie übernimmt gerne Verantwortung und erzielt gute Ergebnisse. Sie hat unter anderem die Pflegedokumentation verbessert und Begutachtungen nach § 37 (3) SGB XI organisiert, durchgeführt und kontrolliert. In Kooperation mit einem anderen Träger entwickelte sie eine Veranstaltungsreihe für pflegende Angehörige und führte sie selbst durch.

Frau Kunz unterstützt ihre Mitarbeiter bei ihren Aufgaben. Sie kann gut planen und koordinieren, hat positive zwischenmenschliche Beziehungen zu ihren Mitarbeitern und ist als Führungskraft anerkannt.

Frau Kunz kommt mit Kunden und Kollegen gut aus. Sie ist freundlich und kooperativ. Ihr Verhalten gegenüber ihren Vorgesetzten ist stets loyal und korrekt.

Frau Kunz verlässt uns heute auf eigenen Wunsch, was wir sehr bedauern. Wir danken ihr für die engagierte Mitarbeit und wünschen ihr für ihren weiteren Berufsweg alles Gute und viel Erfolg.

Ort/Datum

Unterschrift

Stationsschwester

Zeugnis

Frau Rebecca Kranz, geboren am 3. April 1965, ist seit 1. Juli 1994 als Stationsschwester – Innere Medizin (35 Betten) – bei uns in Vollzeit beschäftigt.

Das Stadtkrankenhaus X ist ein Haus der Allgemeinen Regelversorgung mit 100 Betten, mit den Abteilungen Chirurgie, Innere Medizin und HNO.

Ihre Aufgaben sind:

– Personalverantwortung: Zehn Pflegekräfte
– Pflege und Betreuung der Patienten
– Teilnahme an Arztvisiten
– Ärztliche Verordnungen umsetzen (Arzneimittel verabreichen)
– Pflegedokumentation
– Mitwirkung bei der Personalauswahl
– Einarbeitung neuer Mitarbeiter
– Ausbildung der Krankenpflegeschüler

Frau Kranz ist eine kenntnisreiche Mitarbeiterin, die Aufgaben und Probleme gut löst. Sie nutzt interne und externe Weiterbildungsangebote. Sie hat Seminare besucht zu den Themen Hygiene und Qualitätsmanagement.

Frau Kranz hat eine gute Auffassungsgabe. Sie plant und organisiert ihre Arbeit systematisch. Die Dokumentation ist sachgerecht und zutreffend formuliert. Es fällt ihr leicht, positive Beziehungen herzustellen und offen zu kommunizieren. Mit Kritik geht sie konstruktiv um. Sie ist offen, hört zu und zeigt Einfühlungsvermögen. Die Patienten mögen sie. Sie arbeitet konstruktiv im Team und unterstützt Kollegen, die Hilfe brauchen.

Sie strahlt Ruhe aus, ist selbstsicher, energisch und hat immer ein aufmunterndes Wort für die Patienten. Sie ist belastbar und bewältigt hohen Arbeitsanfall. Sie hat Überblick, kann Prioritäten setzen, setzt die Arbeitsmittel wirtschaftlich ein und erreicht gute Resultate.

Sie hat eine klare Vorstellung davon, was getan werden muss, und ein gutes Gespür bei Auswahl und Einsatz der Mitarbeiter. Sie gibt Informationen weiter und ist als Führungskraft anerkannt.

Mit Patienten und Kollegen kommt sie gut aus. Sie ist freundlich und hilfsbereit. Ihr Verhalten gegenüber ihren Vorgesetzten ist stets loyal und korrekt.

Frau Kranz verlässt heute unser Krankenhaus auf eigenen Wunsch, was wir bedauern. Wir bedanken uns für die gute Zusammenarbeit und wünschen ihr für ihren weiteren Berufsweg viel Erfolg.

Ort/Datum

Unterschrift

Rechtsanwaltsfachangestellte

Zeugnis

Frau Katharina Licht, geboren am 23. März 1980, ist seit dem 1. April 2007 bei uns als Rechtsanwaltsfachangestellte in Teilzeit (20 Stunden) beschäftigt. Das Arbeitsverhältnis ist bis zum 31. März 2009 befristet.

Wir sind eine Kanzlei mit vier Fachanwälten für Arbeitsrecht. Wir vertreten sowohl Arbeitnehmer als auch Arbeitgeber.

Aufgaben:

– Empfang und Betreuung unserer Mandanten
– Posteingänge und -ausgänge bearbeiten
– Terminkalender für Gerichts- und Besprechungstermine führen
– Fristenkalender führen (Klage-, Einspruchs- und Berufungsfristen)
– Schriftsätze und Briefe schreiben
– Zahlungsverkehr erledigen und überwachen

Für diese Aufgaben, die selbstständig erledigt werden, ist mindestens eine zweijährige Berufserfahrung und die sichere Beherrschung des PC mit den MS-Office-Programmen erforderlich.

Frau Licht besitzt akzeptable Fachkenntnisse und gute EDV-Kenntnisse, die sie auf einem Weiterbildungslehrgang aufgefrischt hat. Sie schreibt Briefe, E-Mails und Schriftsätze recht schnell.

Frau Licht ist eine sympathische Erscheinung, freundlich und hilfsbereit. Sie hat ein sicheres Auftreten und findet leicht Zugang zu den Mandanten.

Frau Licht ist zuverlässig und arbeitet sehr sorgfältig. Mit ihren Arbeitsergebnissen erfüllt sie unsere Anforderungen.

Frau Licht ist umgänglich, mit Mandanten und Kollegen kommt sie gut zurecht. Das Verhalten gegenüber ihren Vorgesetzten ist immer korrekt.

Das Arbeitsverhältnis endet durch Fristablauf. Wir danken für ihre Mitarbeit und wünschen ihr alles Gute.

Ort/Datum

Unterschrift

Personalsachbearbeiterin

Zeugnis

Frau Pia Merkel, geboren am 1. Februar 1974, ist seit 1. Juli 1998 als Personalsachbearbeiterin bei uns beschäftigt.

Ihre Aufgaben sind:

– Betreuung der tariflichen Angestellten
– Bewerberverwaltung
– Administrative Bearbeitung von Einstellungen und Entlassungen
– Selbstständige Erledigung der Korrespondenz „Betriebliches Vorschlagswesen"
– Betreuung der Auszubildenden

Diese Aufgabe erfordert Erfahrung in der Personalverwaltung, die Ausbildereignungsprüfung und gute soziale und pädagogische Fähigkeiten.

Frau Merkel ist fachlich kompetent und löst mit ihrem Können auch schwierige Aufgaben und Probleme. Sie hat gute EDV-Kenntnisse (MS-Office, SAP R/3). Sie nutzt interne und externe Weiterbildungsangebote und hat unter anderem ein Seminar besucht zum Thema „Betriebliches Vorschlagswesen – Kontinuierlicher Verbesserungsprozess". Außerdem hat sie bei der Handelskammer die Ausbildereignungsprüfung bestanden.

Frau Merkel hat eine schnelle Auffassungsgabe und weiß, worauf es ankommt. Sie hat einen guten Briefstil und kann anschaulich erklären. Bei der Betreuung der Auszubildenden zeigt sie pädagogisches Geschick. Sie findet schnell Kontakt, die Auszubildenden vertrauen ihr. Sie hat ein offenes Wesen, ist kommunikativ und spielt im Team eine aktive Rolle. Sie arbeitet selbstständig, verfolgt ihre Ziele mit großer Ausdauer und erzielt gute Erfolge. Sie hat in der Projektgruppe „Betriebliches Vorschlagswesen" konstruktiv mitgearbeitet und neue Ideen beigesteuert.

Frau Merkel ist hilfsbereit, kollegial und kommt mit allen gut zurecht. Zu ihrem Vorgesetzten besteht ein Vertrauensverhältnis.

Mit dem heutigen Tag verlässt Frau Merkel das Unternehmen auf eigenen Wunsch, was wir sehr bedauern. Wir danken ihr für die engagierte Mitarbeit und wünschen ihr auch weiterhin auf ihrem Berufsweg alles Gute und viel Erfolg.

Ort/Datum

Unterschrift

Assistentin Personalleiter

Zeugnis

Frau Beate Schulze, geboren am 3. April 1969, ist seit dem 1. Juli 1998 als Assistentin des Personalleiters bei uns beschäftigt.

Ihre wichtigsten Aufgaben sind:

– Schriftverkehr, Arbeitsverträge
– Statistische Arbeiten: Fluktuation, Krankenquote, Personalbestand
– Leiharbeitnehmer und Aushilfen beschaffen,
– Seminare, Tagungen und Jubilarfeiern organisieren

Diese Tätigkeit erfordert unter anderem selbstständiges Arbeiten, Organisationstalent sowie ein gutes Gespür und Urteilsvermögen für die Personalauswahl.

Frau Schulze ist fachlich kompetent und hat gute EDV-Kenntnisse (MS-Office). Sie hat sich ständig weitergebildet und Seminare besucht, unter anderem zu den Themen Arbeitsrecht und Personalauswahl.

Sie besitzt Organisationstalent und kann improvisieren. Sie hat Firmenseminare, Tagungen und Jubilarfeiern organisiert und für einen reibungslosen Ablauf gesorgt. Sie kann sich mündlich und schriftlich gut ausdrücken. Sie formuliert selbstständig Arbeitszeugnisse nach den Beurteilungsbögen der Vorgesetzten.

Frau Schulze hat Einfühlungsvermögen, kann zuhören und stellt sich schnell auf neue Situationen ein. Sie macht Vorschläge zur Verbesserung des Arbeitsablaufs. Sie übernimmt bereitwillig Verantwortung.

Frau Schulze ist eine lebhafte, zupackende und sympathische junge Frau, die ihre Aufgaben selbstständig und mit Ausdauer erledigt. Sie arbeitet schnell, gewissenhaft, sorgfältig und termingerecht. Sie erreicht stets die vereinbarten Ziele und erzielt sehr gute Ergebnisse. Sie setzt sich voll ein und behält auch bei hohem Arbeitsanfall den Überblick.

Frau Schulze arbeitet konstruktiv mit anderen zusammen, ist kommunikativ und kommt mit allen gut aus. Zu ihrem Vorgesetzten besteht ein Vertrauensverhältnis.

Mit dem heutigen Tage verlässt Frau Schulze unser Unternehmen auf eigenen Wunsch. Wir bedauern das Ausscheiden dieser tüchtigen und zuverlässigen Mitarbeiterin, danken ihr für die Mitarbeit und wünschen ihr für die Zukunft alles Gute.

Ort/Datum

Unterschrift

Personalleiter

Zeugnis

Herr Michael Stamm, geboren am 2. März 1957, ist seit 1. April 1997 als Personalleiter bei uns tätig.

Aufgaben/Verantwortung:

- Personalverantwortung (zehn Mitarbeiter)
- Personalpolitik, Konzeptionen
- Personalsuche und -auswahl
- Personalentwicklung (Trainees, Auszubildende, Weiterbildung)
- Personalcontrolling
- Personaladministration (Gehaltsabrechnung, administrative Abwicklung von der Einstellung bis zur Entlassung)

Herr Stamm ist ein kenntnisreicher Personalfachmann mit langjähriger Berufserfahrung, der mit seinem Können die sich ihm stellenden Aufgaben souverän löst. Er hat sich ständig weitergebildet und Seminare und Fachtagungen besucht zur aktuellen Rechtsprechung im Arbeitsrecht, zu neuen Methoden der Personalanwerbung und zur sozialverträglichen Trennung mit Unterstützung von Outplacementberatern.

Herr Stamm plant und organisiert seine Arbeit systematisch. Er hat gute Ideen, entwickelt Konzepte und setzt sie um. Er bereitet Präsentationen professionell vor und kann seine Gedanken klar und anschaulich formulieren. Er ist rhetorisch begabt.

Mit großem Engagement packt Herr Stamm seine Arbeit an. Er hat eine optimistische Grundhaltung, ist Neuem gegenüber aufgeschlossen und findet sich in neuen Situationen schnell zurecht. Er ist diszipliniert und hat seine Gefühle unter Kontrolle. Er hat eine positive Ausstrahlung und kann Menschen für sich einnehmen. Er ist äußerst zuverlässig und loyal.

Herr Stamm geht auf Menschen zu, kommuniziert offen, arbeitet konstruktiv mit anderen zusammen und trägt Konflikte fair aus. Er arbeitet selbstständig, schnell, effizient, sorgfältig und erzielt sehr gute Ergebnisse. Er arbeitet auch unter Termindruck überlegt und sicher. Er ist belastbar und bewältigt hohen Arbeitsanfall. Er kann seine Stärken zum Nutzen des Unternehmens einsetzen. Er hat Konzepte entwickelt und umgesetzt, wie zum Beispiel die Fluktuation reduziert und die Bindung an das Unternehmen verstärkt, flexible Arbeitszeiten eingeführt und eine neue Führungskonzeption umgesetzt, bei der die Teamorganisation realisiert wird.

Herr Stamm hat wesentlich dazu beigetragen, dass alle Mitarbeiter Weiterbildungsseminare besuchen, um auf dem neuesten Stand der Dinge zu sein und kundenorientiert zu arbeiten. Die Führungskräfte hatten die Möglichkeit, ihre kommunikativen Fähigkeiten zu verbessern, um auch schwierige Mitarbeitergespräche führen zu können.

Bei Auswahl und Einsatz seiner Mitarbeiter hat Herr Stamm eine sichere Hand. Er gibt seinem Team Impulse, ermutigt seine Mitarbeiter, eigene Vorschläge zu machen, und unterstützt sie dabei, ihre Fähigkeiten einzusetzen und ihre Stärken zu entfalten. Er informiert seine Mitarbeiter rechtzeitig, vereinbart Ziele und Leistungsstandards und kontrolliert den Arbeitsfortschritt und die Ergebnisse. Er sagt seinen Mitarbeitern, was er von ihnen erwartet, und gibt ihnen eine Rückmeldung über ihre Leistungen.

Herr Stamm hat guten Kontakt zu seinen Mitarbeitern. Das Arbeitsklima ist entspannt. Die Mitarbeiter vertrauen ihm. Zu seinem Vorgesetzten und seinen Kollegen hat er ein gutes Verhältnis.

Heute verlässt Herr Stamm unser Unternehmen auf eigenen Wunsch, um sich selbstständig zu machen. Wir bedauern sein Ausscheiden, danken ihm für die engagierte Arbeit und wünschen ihm für die Zukunft weiterhin viel Erfolg.

Ort/Datum

Unterschrift

Verwaltungsleiter

Zeugnis

Herr Toni Haller, geboren am 3. Oktober 1962, ist seit 1. Oktober 1992 als Verwaltungsleiter in unserer Klink beschäftigt.

Aufgaben/Verantwortung:

- Personalverantwortung (60 Mitarbeiter)
- Kaufmännische Klinikverwaltung: Buchhaltung, Kassenwesen
- Personalverwaltung, Lohn- und Gehaltsabrechnung
- Personalauswahl, Personalentwicklung
- Marketing: Projektmanagement
- Einkauf
- Gästebetreuung

Für diese Aufgabe ist eine kaufmännische Ausbildung, Berufserfahrung in der Verwaltung, Organisationstalent, Empathie und Führungserfahrung erforderlich.

Herr Haller ist ein erfahrener Verwaltungsfachmann, der mit großem Engagement seine Aufgaben anpackt und zu guten Lösungen kommt. Er ist Neuem gegenüber aufgeschlossen, hat sich stets weitergebildet und ist fachlich immer auf der Höhe der Zeit. Er hat Seminare besucht zu den Themen EDV, Projektmanagement, Marketing und Kundenorientierung.

Bei Verhandlungen mit Lieferanten ist Herr Haller sehr geschickt. Er ist diszipliniert und hat seine Gefühle unter Kontrolle. Er hat ein sicheres Auftreten, kann überzeugend argumentieren, präzise formulieren und erzielt gute Erfolge. Er besitzt Einfühlungsvermögen, geht auf Menschen zu, ist umgänglich und kommunikativ und kommt mit unseren Gästen gut zurecht. Er arbeitet selbstständig und effizient, auch unter Termindruck. Zusammen mit seinen

Mitarbeitern hat er seine Ziele immer erreicht und damit wesentlich zum Erfolg der Klinik beigetragen. Er hat unter anderem ein hauseigenes EDV-Programm für die Terminierung, Abrechnung und Statistik entwickelt und eingeführt. Zusammen mit seinen Mitarbeitern im Marketing-Bereich hat er eine Konzeption zur Gästegewinnung erarbeitet und erfolgreich umgesetzt.

Herr Haller informiert seine Mitarbeiter, vereinbart realistische Ziele und kontrolliert die Ergebnisse. Er hat ein gutes Gespür bei der Auswahl seiner Mitarbeiter, setzt sie richtig ein und unterstützt sie bei ihren Aufgaben. Er hat ein offenes Ohr für ihre Probleme und hilft ihnen dabei, eigene Lösungen zu finden. Er vermittelt seinen Leuten das Gefühl, dass ihre Arbeit wichtig ist. Seine Mitarbeiter vertrauen ihm. Er ist als Führungskraft anerkannt.

Kollegen und Mitarbeiter arbeiten gerne mit Herrn Haller zusammen. Sein Verhalten gegenüber seinem Vorgesetzten ist immer korrekt.

Wir bedauern sehr, dass uns Herr Haller heute auf eigenen Wunsch verlässt. Wir danken ihm für die konstruktive Mitarbeit und wünschen ihm für seinen weiteren Berufsweg alles Gute und viel Erfolg.

Ort/Datum

Unterschrift

Finanzbuchhalterin

Zeugnis

Frau Astrid Mund, geboren am 2. März 1968, ist seit 1. Oktober 1999 als Finanzbuchhalterin und Sachbearbeiterin Lohn- und Gehaltsabrechnung bei uns beschäftigt (Teilzeit 20 Stunden).

Ihre Aufgaben sind:

- Buchen im beleglosen Zahlungsverkehr (Debitoren, Kreditoren, Sachkonten)
- Kassenführung (Ein- und Auszahlungen)
- Auslandszahlungsverkehr
- Mitarbeit bei Jahresabschlussarbeiten
- Monatliche Lohn- und Gehaltsabrechnung
- Einrichten und Pflege der Personalstammdaten
- Lohnsteueranmeldung
- Bescheinigungen ausstellen (Arbeitsamt, Krankenkassen)
- Lohnpfändungen bearbeiten
- DÜVO-Meldung

Für diese Aufgabe sind Erfahrung als Finanzbuchhalterin und gute Kenntnisse des Lohnsteuer- und Sozialversicherungsrechts erforderlich.

Frau Mund ist eine zuverlässige Mitarbeiterin. Sie ist lernwillig und hat sich in das für sie neue Aufgabengebiet der Lohn- und Gehaltsabrechnung schnell eingearbeitet und sich die notwendigen Kenntnisse angeeignet. Sie nutzt die Weiterbildungsangebote des Unternehmens (Arbeitsrecht, Time Management) und besitzt gute EDV-Kenntnisse (MS-Office).

Frau Mund arbeitet genau, ist ordnungsliebend und hat ein gutes Zahlenverständnis. Sie erledigt ihre Aufgaben zügig. Sie arbeitet konstruktiv mit anderen zusammen, ist freundlich, hilfsbereit und kollegial. Ihr Verhalten gegenüber Vorgesetzten ist stets korrekt.

Mit dem heutigen Tage verlässt Frau Mund unser Unternehmen auf eigenen Wunsch. Wir danken ihr für die gute Zusammenarbeit und wünschen ihr für die Zukunft alles Gute und viel Erfolg.

Ort/Datum

Unterschrift

Assistentin Geschäftsleitung

Zeugnis

Frau Petra Lund, geboren am 25. März 1969, ist seit 1. Januar 1997 als Assistentin der Geschäftsleitung tätig.

Ihre Aufgaben sind im Wesentlichen:

- Korrespondenz in Deutsch und Italienisch
- Auftragsabwicklung
- Organisation der Messeauftritte

Seit 1998 hat Frau Lund zusätzliche Aufgaben beim Aufbau von vier Einzelhandelsgeschäften übernommen:

- Personalbeschaffung
- Einkauf
- Budgetplanung

Für ihre Aufgaben sind selbstständiges Arbeiten, Organisationstalent, Eigeninitiative und sehr gute italienische Sprachkenntnisse erforderlich.

Frau Lund hat sich in kurzer Zeit gute Produktkenntnisse angeeignet und Seminare besucht, unter anderem zu den Themen Personalauswahl und Verkaufsgespräche. Sie kann gut mit dem PC umgehen (MS-Office), ihr Italienisch ist verhandlungssicher. Außerdem spricht sie fließend englisch.

Frau Lund ist eine engagierte Mitarbeiterin, die ihre Arbeit plant und organisiert. Sie kann treffend formulieren und überzeugend argumentieren. Bei Verhandlungen ist sie sehr geschickt und erzielt gute Ergebnisse. Sie besitzt Einfühlungsvermögen und kann zuhören. Sie hat ein sicheres Gespür für die Reaktion der Kunden und kann sich schnell auf sie einstellen. Sie hat gute Umgangsformen und ein sicheres Auftreten.

Frau Lund arbeitet selbstständig, schnell und effizient. Sie ist zuverlässig und hält Termine ein. Sie hat maßgeblich mitgeholfen bei der Einführung der EDV und bei der Optimierung der Auftragsabwicklung. Sie hat wesentlich dazu beigetragen, dass die Qualität der Produkte verbessert und die Kundenzufriedenheit gesteigert werden konnte. Sie hat damit einen großen Beitrag zum Aufbau unserer Firma geleistet.

Zu Kunden, Vorgesetzten und Kollegen hat Frau Lund ein gutes Verhältnis. Sie ist freundlich und hilfsbereit.

Mit dem heutigen Tage verlässt Frau Lund auf eigenen Wunsch und aus privaten Gründen das Unternehmen, was wir sehr bedauern. Wir danken ihr für die konstruktive Mitarbeit und wünschen ihr für die Zukunft alles Gute.

Ort/Datum

Unterschrift

Geschäftsführer

Zeugnis

Herr Wolf Hensen, geboren am 14. September 1963, ist seit 1. April 1997 als Geschäftsführer für uns tätig und verantwortlich für den Unternehmensbereich XYZ.

Seine Aufgaben sind:

- Personalverantwortung für 120 Mitarbeiter
- Verantwortung für Vertrieb, Produktion, Technik und kaufmännische Verwaltung
- Ergebnisverantwortung
- Unternehmensstrategie
- Erschließen neuer Absatzmärkte

Herr Hensen bewältigt seine Aufgaben mit exzellentem Fachwissen und seiner Berufserfahrung und löst auch schwierige Probleme. Er hat sich beruflich weitergebildet und ist fachlich auf der Höhe der Zeit. Er hat unter anderem Management-Seminare in St. Gallen besucht. Seine Englischkenntnisse sind ausgezeichnet, seine PC-Anwenderkenntnisse (MS-Office) entsprechen den Anforderungen seiner Aufgabe.

Herr Hensen hat eine schnelle Auffassungsgabe, besitzt Augenmaß, denkt in größeren Zusammenhängen, schätzt die Dinge realistisch ein und kommt zu einem sicheren Urteil. Er bereitet Präsentationen professionell vor und kann seine Gedanken anschaulich darstellen. Bei Verhandlungen ist er sehr geschickt, wahrt immer die Interessen des Unternehmens und erzielt sehr gute Erfolge.

Herr Hensen ist mit Begeisterung bei der Sache, steht Veränderungen positiv gegenüber und kann sich rasch auf neue Situationen einstellen. Er besitzt ein gutes Einfühlungsvermögen und weiß, was Kunden wollen.

Er hat ein sicheres Auftreten, besitzt gute Umgangsformen und eine optimistische Grundhaltung. Er ist integer und loyal. Man kann sich auf das verlassen, was er sagt. Er hält sich an Absprachen.

Herr Hensen findet leicht Kontakt, ist offen in seiner Kommunikation und arbeitet konstruktiv mit anderen zusammen. Er arbeitet selbstständig, schnell, effizient und erzielt sehr gute Ergebnisse. Er arbeitet auch unter Termindruck überlegt und sicher. Er setzt alles daran, um die Wünsche und Erwartungen unserer Kunden zu erfüllen.

Herr Hensen denkt und handelt unternehmerisch. Er hat wesentlich zum Erfolg unseres Unternehmens beigetragen. Er hat unter anderem neue Absatzmärkte für die Produkte XYZ erschlossen. Durch Produkt- und Produktionsentwicklung konnten in den letzten drei Jahren die Verkaufsmengen erhöht und die Ergebnisse verdoppelt werden.

Er hat unser Werk Z, für das er seit zwei Jahren verantwortlich ist, umstrukturiert und personell, logistisch und produktionstechnisch neu ausgerichtet. Er ist ihm gelungen, den Gewinn innerhalb von zwei Jahren um mehr als X Prozent zu steigern und die strategische Neupositionierung abzusichern.

Herr Hensen hat ein gutes Gespür bei der Auswahl seiner Mitarbeiter. Er kümmert sich darum, dass sie richtig eingearbeitet und integriert werden. Er delegiert Aufgaben und Verantwortung, hat Vertrauen in die Fähigkeiten seiner Mitarbeiter und gibt ihnen Freiräume für eigene Entscheidungen. Er informiert seine Mitarbeiter rechtzeitig und umfassend, vereinbart realistische Ziele und Leistungsstandards und kontrolliert Arbeitsfortschritt und Ergebnisse.

Er moderiert Besprechungen souverän und effizient. Auch schwierige Mitarbeitergespräche führt er mit Geschick und Empathie. Er setzt sich mit der Wirklichkeit auseinander und nutzt Konflikte als Chance, die Situation zu klären und die Sache voranzubringen. Bei zwischenmenschlichen Konflikten sucht er konstruktive Lösungen. Er sagt seinen Mitarbeitern, was er von ihnen erwartet und gibt ihnen eine Rückmeldung über ihre Leistungen. Er erkennt die Stärken seiner Mitarbeiter und fördert ihre berufliche Entwicklung.

Zu seinen Mitarbeitern hat Herr Hensen ein partnerschaftliches Verhältnis. Er ist offen für Kritik, das Arbeitsklima ist entspannt. Seine Mitarbeiter vertrauen ihm.

Herr Hensen ist sehr hilfsbereit, kollegial und kommt mit allen gut zurecht. Kunden und Mitarbeiter schätzen die angenehme Zusammenarbeit mit ihm. Zu seinem Vorgesetzten besteht ein Vertrauensverhältnis.

Heute verlässt Herr Hensen das Unternehmen auf eigenen Wunsch, was wir sehr bedauern. Wir danken ihm für die konstruktive Mitarbeit und wünschen ihm für die Zukunft weiterhin viel Erfolg.

Ort/Datum

Unterschrift

Vorstandsmitglied Dienstleistungsunternehmen

Zeugnis

Herr James Miles, geboren am 9. März 1970, gehört seit dem 1. April 1999 als Vorstand (alleinvertretungsberechtigt) dem Unternehmen an. Er ist Mitbegründer unseres Unternehmens. Wir sind ein Dienstleister der Elektroindustrie im Bereich elektronischer Bauelemente.

Aufgaben/Verantwortung:

- Koordination sämtlicher Unternehmensaktivitäten
- Gesamtverantwortung für Vertrieb, Marketing und PR
- Personalverantwortung (16 Mitarbeiter)
- Weiterbildung der Vertriebsmitarbeiter
- Betreuung der Großkunden
- Aufbau eines Direktvertriebs mit firmeninternem CallCenter
- Investitionsentscheidungen
- Einführung der Software Navision Financials
- Vorbereitung des Jahresabschlusses

Herr Miles ist fachlich kompetent und löst mit seinem Können auch schwierige Aufgaben und Probleme. Er hat sich beruflich weitergebildet und ist fachlich auf der Höhe der Zeit. Bei unseren internationalen Kontakten konnte er seine Fremdsprachenkenntnisse einsetzen: Er besitzt Grundkenntnisse in der russischen Sprache, hat gute Französischkenntnisse und spricht fließend englisch.

Herr Miles plant und organisiert seine Arbeit systematisch. Er hat gute Ideen, entwickelt Konzepte und setzt sie um. Er bereitet Vorträge und Präsentationen professionell vor. Seine Gedanken kann er klar und anschaulich darstellen. Bei Verhandlungen ist er sehr geschickt, wahrt immer die Interessen des Unternehmens und erzielt sehr gute Erfolge.

Herr Miles ist mit Begeisterung bei der Sache, ergreift die Initiative und treibt die Dinge voran. Er ist sehr beweglich und stellt sich rasch auf neue Situationen ein. Er ist diszipliniert und hat seine Gefühle unter Kontrolle. Er kann sich in die Lage anderer versetzen und versteht ihre Beweggründe.

Verkaufstalent und Verhandlungsgeschick sind zwei seiner größten Stärken. Er besitzt ein gutes Einfühlungsvermögen und weiß, was Kunden wollen. Er ist eigenständig, überlegt und sicher in seinem Urteil. Er findet leicht Kontakt, ist offen in seiner Kommunikation und arbeitet kooperativ mit anderen zusammen. Er arbeitet selbstständig, schnell, effizient, sorgfältig und erzielt sehr gute Ergebnisse. Er arbeitet auch unter Termindruck überlegt und sicher. Er hat in kurzer Zeit neue Absatzmärkte erschlossen, neue Kunden (vor allem Großkunden) akquiriert und zusammen mit seinen Mitarbeitern die ehrgeizigen Umsatzziele erreicht. Es ist ihm gelungen, den Umsatz des Gründungs-Geschäftsjahres in Höhe von X Millionen auf XX Millionen im Jahre 2000 zu steigern. Nach dem Einbruch der gesamten Branche konnte der Umsatz im Jahr 2001 mit XX Millionen stabilisiert werden.

Herr Miles versteht es, seine Arbeit zu planen, zu strukturieren und zu organisieren. Er setzt alles daran, die Wünsche und Erwartungen unserer Kunden zu erfüllen. Er hat ein gutes Gespür und eine sichere Hand bei Auswahl und Einsatz seiner Mitarbeiter. Er gibt seinem Team Impulse, ermutigt die Mitarbeiter, eigene Vorschläge zu machen und unterstützt sie dabei, ihre Fähigkeiten einzusetzen und ihre Stärken zu entfalten. Er informiert seine Mitarbeiter rechtzeitig und umfassend, vereinbart Ziele und Leistungsstandards und kontrolliert den Arbeitsfortschritt und die Ergebnisse. Er sagt seinen Mitarbeitern, was er von ihnen erwartet und gibt ihnen eine Rückmeldung über ihre Leistungen. Er erkennt die Stärken seiner Mitarbeiter und fördert ihre berufliche Entwicklung. Er setzt Mitarbeiter und Material sinnvoll ein. Er hat guten Kontakt zu seinen Mitarbeitern. Das Arbeitsklima ist entspannt. Die Mitarbeiter vertrauen ihm und umgekehrt.

Herr Miles arbeitet konstruktiv mit anderen zusammen, ist hilfsbereit und hat ein gutes Verhältnis zu seinen Kollegen.

Mit dem heutigen Tag verlässt Herr Miles das Unternehmen auf eigenen Wunsch. Wir bedauern sein Ausscheiden sehr, bedanken uns für die engagierte Mitarbeit und wünschen ihm auf seinem Berufsweg auch weiterhin viel Erfolg.

Ort/Datum

Unterschrift

Projektmanager

Zeugnis

Herr Michael Breit, geboren am 8. März 1977, ist am 1. November 2006 als Projektmanager in unser Unternehmen eingetreten. Das Arbeitsverhältnis war von Anfang an befristet bis 31. Oktober 2008.

Seine Aufgaben sind:

- Aufbau einer konzernweiten E-Business-Datenbank
- Konzeption, Ermittlung und Einführung einer „E-Business Master Database"
- Ermittlung von Daten für die E-Business-Berichterstattung
- Einführung virtueller Tearooms innerhalb der Lotus-Notes Plattform und aktive Promotion von Sametime als neuer Standard-Software, insbesondere bei global agierenden Projektteams
- Dialogorientierter Wissensaustausch auf Projektebene

Für diese Aufgabe sind ein betriebwirtschaftliches Studium mit IT-Schwerpunkt, sehr gute englische Sprachkenntnisse, Kommunikationsfähigkeit und die Bereitschaft zur Kooperation erforderlich.

Herr Breit hat ein akzeptables Fachwissen, das er in die Praxis umsetzen kann. Er spricht gut englisch und beherrscht den Umgang mit PC und Internet. Er geht unbefangen an neue Dinge heran und engagiert sich mit Begeisterung. Er ist sehr beweglich und stellt sich rasch auf neue Situationen ein. Er ist ehrgeizig und arbeitet gerne im Team.

Herr Breit ist belastbar. Er arbeitet sorgfältig, zuverlässig und engagiert. Er kommt mit allen gut aus, ist freundlich und hilfsbereit. Sein Verhalten gegenüber Vorgesetzten ist stets korrekt.

Das Arbeitsverhältnis endet heute durch Fristablauf. Wir danken Herrn Breit für seine Mitarbeit und wünschen ihm für die Zukunft alles Gute.

Ort/Datum

Unterschrift

Produktionsplaner und Disponent

Zeugnis

Herr Alexander Hinz, geboren am 24. September 1975, ist seit 1. Juli 1998 als Produktionsplaner und Disponent beschäftigt.

Aufgaben/Verantwortung:

- Planung und Disposition der Halb- und Fertigwaren
- Gewährleistung eines hohen Lieferservice- und Bereitschaftsgrades
- Einhaltung niedriger Lagerbestände und kurzer Durchlaufzeiten
- Monatliche Absatzplanung zusammen mit den internationalen Produktmanagern
- Operative Planung in Zusammenarbeit mit den Bereichen Beschaffung und Produktion
- Kostenstellenverantwortung für die Disposition
- Pflege der Dispositions-Stammdaten
- Beurteilung und Formulierung von Artikel-Änderungsanträgen

Für diese Tätigkeit sind kaufmännische Berufserfahrung, Organisationstalent und gute englische Sprachkenntnisse erforderlich.

Herr Hinz ist ein Fachmann auf seinem Gebiet. Er hat sich ständig weitergebildet und interne und externe Weiterbildungsangebote genutzt. Er hat unter anderem Seminare besucht zu den Themen:

- EDV-Schulungen: SIM 400, SAP
- System-Auditor
- Projektmanagement
- Logistik-Controlling

Außerdem hat er neben seinem Beruf eine Weiterbildung zum Industriefachwirt absolviert und die Prüfung vor der Industrie- und Handelskammer erfolgreich abgelegt. Er besitzt gute EDV-Kenntnisse (MS-Office), sein Englisch ist exzellent in Wort und Schrift.

Herr Hinz plant und organisiert seine Arbeit systematisch. Er kann einen Sachverhalt präzise darstellen und anschaulich vermitteln. Er arbeitet konstruktiv mit, macht Vorschläge und unterstützt die Teammitglieder. Auf Veränderungen reagiert er flexibel, passt sich schnell an und stellt sich rasch auf neue Situationen ein. Er arbeitet selbstständig, fleißig und gewissenhaft. Er ist belastbar und behält auch unter Zeitdruck einen klaren Kopf. Seine Arbeitsergebnisse übertreffen unsere Erwartungen. Herr Hinz ist ein engagierter Mitarbeiter. Er hat in mehreren Projektgruppen mitgearbeitet, wie zum Beispiel „Einführung betriebswirtschaftlicher Kennzahlen" oder „Optimierung der Arbeitsabläufe". Dabei hat er eigene Ideen eingebracht und mit seiner Mitarbeit zum Erfolg der Projekte beigetragen. Außerdem hat er mehrere Verbesserungsvorschläge nach unserem Programm „Kontinuierlicher Verbesserungsprozess" eingereicht, von denen einige prämiert und eingeführt worden sind.

Durch seine konstruktive Mitarbeit hat Herr Hinz zu einer guten Arbeitsatmosphäre wesentlich beigetragen. Er ist hilfsbereit und verhält sich kollegial. Sein Verhalten gegenüber seinem Vorgesetzten ist immer korrekt.

Mit dem heutigen Tag verlässt Herr Hinz unser Unternehmen auf eigenen Wunsch. Wir hätten gerne noch weiter mit ihm zusammen gearbeitet, verstehen aber seine Entscheidung, sich beruflich weiterzuentwickeln. Wir danken ihm für sein Engagement und wünschen ihm für seinen weiteren Berufsweg viel Erfolg.

Ort/Datum

Unterschrift

EDV-Leiter

Zeugnis

Herr Jochen Warnke, geboren am 4. Mai 1960, ist seit 1. April 1993 in unserem Unternehmen beschäftigt, zunächst als Betriebsorganisator, seit April 1996 als Leiter der EDV (Prokura) und seit Juli 2006 als Leiter Organisation, EDV und Allgemeine Verwaltung.

Aufgaben/Verantwortung:

- Personalverantwortung (zwölf Mitarbeiter)
- EDV-Organisation
- Programmierung
- Unterstützung der Fachabteilungen bei Reporting und Datenbankabfragen
- Projektarbeit
- Allgemeine Verwaltung (Einkauf, Vertragsabteilung)

Herr Warnke hat Projekte durchgeführt und Verfahren eingeführt, wie etwa:

- Umstellung auf die Solar-Software IBM 3081 einschließlich Einrichten von Bildschirmarbeitsplätzen, Customizing und Weiterentwicklung in Zusammenarbeit mit Consultants in Y.

- Einführung von AS/400 mit eigener Programmierung (COBOL, SQL, OS/400) und Einrichtung von PC-Arbeitsplätzen (Windows, Microsoft) in Verbindung mit Vernetzung Novell/Windows.

- Einführung des Finanzbuchhaltungssystems „Schilling" auf AS/400 eingeführt, später Umstellung auf das konzerneinheitliche GL-System Peoplesoft.

- Eigenentwicklung eines Systems für RV-Anwendungen (Vertrag, Abrechnung, Retrozession, Schaden, Statistik).

- Konvertierungen aller Anwendungen auf das neue Konzernrückversicherungssystem OMEGA.

Herr Warnke ist fachlich kompetent und löst mit seinem Können und seiner langjährigen Berufserfahrung auch schwierige Aufgaben und Probleme. Er besitzt ausgezeichnete EDV-Kenntnisse (Excel, Word, Powerpoint, Access). Sein Französisch ist gut, sein Englisch verhandlungssicher. Seine EDV-Kenntnisse sind auf der Höhe der Zeit. Er hat eine schnelle Auffassungsgabe, besitzt Augenmaß und denkt in größeren Zusammenhängen. Er kann treffend formulieren und überzeugend argumentieren.

Herr Warnke ist mit Begeisterung bei der Sache, ergreift die Initiative und treibt die Dinge voran. Er reagiert flexibel auf Veränderungen und findet sich schnell in neuen Situationen zurecht. Er ist aufrichtig, loyal, zuverlässig und besitzt Humor. Er ist offen und kommunikativ. Er geht auf Menschen zu, arbeitet kooperativ mit anderen zusammen und trägt Konflikte fair aus. Er arbeitet selbstständig, effizient, sorgfältig und erzielt sehr gute Resultate. Er hat neue Verfahren und Systeme erfolgreich eingeführt. Er hat unter anderem ein Schätzsystem für den Jahresabschluss mit entsprechender Software entwickelt und eingeführt, mit dem die Planungssicherheit erheblich verbessert worden ist.

Mit seinen guten Managementfähigkeiten und Führungseigenschaften ist es ihm gelungen, ein Team zu bilden, das an einem Strang zieht. Er unterstützt seine Mitarbeiter bei ihren Aufgaben und vereinbart realistische Ziele. Er kann gut delegieren und koordinieren. Seine Mitarbeiter vertrauen ihm.

Herr Warnke ist hilfsbereit und kollegial. Er arbeitet konstruktiv mit anderen zusammen. Er hat ein gutes Verhältnis zu seinen Kollegen und Mitarbeitern. Sein Verhalten gegenüber seinen Vorgesetzten ist stets korrekt.

Heute endet das Arbeitsverhältnis mit Herrn Warnke aus betriebsbedingten Gründen, weil die gesamte EDV auf Konzernebene in A. gebündelt wird.

Wir bedauern, dass wir Herrn Warnke nach der Umstrukturierung keine adäquate Position anbieten können, danken ihm für die langjährige gute Zusammenarbeit und wünschen ihm für seinen Berufsweg auch weiterhin viel Erfolg.

Ort/Datum

Unterschrift

Leiter Fertigung

Zeugnis

Herr Werner Schaaf, geboren am 18. Oktober 1966, ist seit 31. März 1998 als Leiter Fertigung bei uns beschäftigt.

Aufgaben/Verantwortung:

- Personalverantwortung (80 Mitarbeiter)
- Fertigungsprozesse optimieren
- Produkt- und Prozessqualität sicherstellen
- Layout- und Produktionspläne erstellen
- Werkzeuge und Vorrichtungen konstruieren

Neben Führungs- und Managementfähigkeiten sind bei dieser Aufgabe Ideen gefragt, die in Konzepte umgesetzt und realisiert werden.

Herr Schaaf ist ein engagierter Mitarbeiter, begeisterungsfähig, offen und vertrauenswürdig. Er hat eine optimistische Grundhaltung, ist realistisch und Veränderungen gegenüber aufgeschlossen. Er hat ein ausgezeichnetes Fachwissen, das er gut umsetzen kann. Er hat gute Ideen, kann analytisch und konzeptionell denken und überzeugend argumentieren. Er kann seine Vorstellungen anschaulich präsentieren. Sein Englisch ist exzellent.

Herr Schaaf arbeitet selbstständig, kunden- und ergebnisorientiert. Er behält auch bei hohem Arbeitsanfall und in schwierigen Situationen den Überblick.

Er besitzt Eigeninitiative. Er hat bestehende Fertigungslinien überarbeitet, neue konzipiert und eingerichtet, was zur Erhöhung der Produktivität und damit zu einer beträchtlichen Kosteneinsparung führte.

Herr Schaaf arbeitet effizient, verfolgt seine Ziele mit Ausdauer und erzielt gute Ergebnisse. Er übernimmt gerne Verantwortung und überträgt seine Begeisterung auch auf seine Mitarbeiter. Er hat stets ein offenes Ohr für seine Mitarbeiter, unterstützt sie bei ihrer Arbeit und bezieht sie in seine Entscheidungen ein. Durch seine positiven Beziehungen trägt er wesentlich zur guten Arbeitsatmosphäre bei. Er ist als Vorgesetzter anerkannt.

Herr Schaaf arbeitet konstruktiv mit anderen zusammen, mit seinen Kollegen kommt er gut aus. Zu seinem Vorgesetzten besteht ein Vertrauensverhältnis.

Mit dem heutigen Tage verlässt Herr Schaaf unser Unternehmen auf eigenen Wunsch. Wir bedauern das Ausscheiden dieses tüchtigen Mitarbeiters, danken ihm für seine Mitarbeit und wünschen ihm für die Zukunft weiterhin viel Erfolg.

Ort/Datum

Unterschrift

Verkaufsleiter Außendienst

Zeugnis

Herr Hans Meier, geboren am 25. Juni 1965 ist seit 1. Juli 2002 als Verkaufsleiter Außendienst für uns tätig.

Aufgaben/Verantwortung

– Leiten der Außendienstorganisation
– Ergebnisverantwortung
– Personalverantwortung (14 Mitarbeiter)
– Vertriebs-, Kosten- und Umsatzplanung
– Planung und Überwachung des Auftragswesens
– Vertriebs-Berichtswesen
– Persönlicher Kontakt zu den Meinungsbildnern
– Markt- und Konkurrenzbeobachtung
– Personalauswahl, Personalentwicklung
– Laufende Anpassung der Vertriebsorganisation an die Markterfordernisse
– Schulung von Mitarbeitern (Verkauf, Produkte)
– Präsentationen bei Kunden
– Teilnahme an Kongressen und Symposien im In- und Ausland

Für diese Führungsaufgabe ist Begeisterungsfähigkeit, Verkaufstalent, Gestaltungswille und Organisationstalent erforderlich.

Herr Meier ist ein ehrgeiziger, ideenreicher und entscheidungsfreudiger Mitarbeiter mit großem verkäuferischen Talent. Er ist fachlich kompetent, kann überzeugend argumentieren, geschickt verhandeln und hat gute soziale Fähigkeiten. Es gelingt ihm schnell, Kontakte herzustellen und zu Mitarbeitern und Kunden positive Beziehungen aufzubauen.

Herr Meier besitzt gute Führungsqualitäten. Er setzt seinen Mitarbeitern klar formulierte, realistische Ziele, informiert sie rechtzeitig und umfassend und unterstützt sie bei ihrer Arbeit. Er hat es geschafft, in kurzer Zeit ein gut funktionierendes Außendienst-Team aufzubauen. Er begeistert seine Mitarbeiter für die gemeinsame Sache und erreicht mit ihnen zusammen seine ehrgeizigen Ziele. Es ist ihm durch seinen enormen persönlichen Einsatz ganz schnell gelungen, bei der Erprobung unserer Produkte eine hohe Akzeptanz im Markt zu erreichen und außerordentliche Umsatzerfolge zu erzielen.

Herr Meier denkt unternehmerisch, arbeitet kundenorientiert, effektiv und erzielt sehr gute Ergebnisse.

Er arbeitet konstruktiv mit anderen zusammen. In seinem Team herrscht eine gute Arbeitsatmosphäre. Zu Kunden hat er einen guten Draht, sein Verhalten gegenüber der Firma und seinen Vorgesetzten ist loyal und korrekt.

Heute verlässt Herr Meier das Unternehmen auf eigenen Wunsch. Wir bedauern sein Ausscheiden sehr, danken ihm für seine engagierte Mitarbeit und wünschen ihm weiterhin viel Erfolg.

Ort/Datum

Unterschrift

Leiter Export

Zeugnis

Herr Jens Kallweit, geboren am 11. Oktober 1958, ist am 1. Oktober 1998 als Leiter der Exportabteilung in unser Unternehmen eingetreten.

Für diese Tätigkeit sind erforderlich: Kaufmännische Ausbildung, Erfahrung im Export, sehr gute spanische und englische Sprachkenntnisse, Führungsqualitäten.

Seine Aufgaben sind:

– Eigenverantwortliche Führung der Auslandsgeschäfte
– Personalverantwortung für zwölf Mitarbeiter
– Neuorganisation: Straffung der Arbeitsabläufe, Optimierung der Auftragsabwicklung
– Neustrukturierung des Europageschäfts
– Erschließung von Überseemärkten
– Koordination der Vertriebspolitik mit den anderen Unternehmensbereichen
– Entwicklung einer Unternehmensstrategie für das Auslandsgeschäft
– Repräsentation der Gruppe im Ausland, auf Messen und bei Verbänden

Herr Kallweit ist ein hervorragender Fachmann, der auch schwierige Aufgaben souverän löst. Er beherrscht den Umgang mit dem PC (MS-Office), seine englischen und spanischen Sprachkenntnisse sind verhandlungssicher. Er erfasst schnell den Kern einer Sache, schätzt diesen realistisch ein und kommt zu einem sicheren Urteil. Er plant und organisiert seine Arbeit systematisch. Er kann komplizierte Arbeitsabläufe analysieren und neu organisieren. Er bereitet Präsentationen professionell vor. Seine Gedanken kann er klar und anschaulich vermitteln. Bei Verhandlungen ist er sehr geschickt, wahrt immer die Interessen des Unternehmens und erzielt sehr gute Ergebnisse.

Herr Kallweit ist mit Begeisterung bei der Sache, ergreift die Initiative und treibt die Dinge voran. Er hat eine optimistische Einstellung, ist Veränderungen gegenüber aufgeschlossen und kann sich schnell auf neue Situationen einstellen. Er hat ein sicheres Gespür für die Reaktion der Kunden. Er ist diszipliniert und hat seine Gefühle unter Kontrolle. Er geht auf Menschen zu, ist offen und kommunikativ, arbeitet konstruktiv mit anderen zusammen und trägt Konflikte fair aus. Er arbeitet selbstständig, schnell, effizient und sorgfältig. Er ist belastbar und bewältigt hohen Arbeitsanfall. Er arbeitet auch unter Termindruck überlegt und sicher. Er verfolgt konsequent seine Ziele und kommt zu sehr guten Ergebnissen. Er arbeitet äußerst zuverlässig, gewissenhaft und gründlich. Er übernimmt die Verantwortung für das, was er macht. Er setzt alles daran, die Wünsche und Erwartungen unserer Kunden zu erfüllen. Es ist ihm in kurzer Zeit gelungen, das Vertrauen der Kunden zu gewinnen. Er hat durch Erschließung neuer Märkte in den USA und Japan das Neugeschäft belebt. Er hat die administrativen Kosten gesenkt und den Ertrag beträchtlich gesteigert. Mit einer neuen Organisationsstruktur hat er es geschafft, sein Team noch effizienter zu machen.

Bei Auswahl und Einsatz seiner Mitarbeiter beweist er ein sicheres Gespür und eine glückliche Hand. Er gibt seinem Team Impulse, ermutigt seine Mitarbeiter, eigene Vorschläge zu machen und unterstützt sie dabei, ihre Fähigkeiten einzusetzen und ihre Stärken zu entfalten. Er delegiert Aufgaben und Verantwortung, hat Vertrauen in die Fähigkeiten seiner Mitarbeiter und gibt ihnen Freiräume für eigene Entscheidungen. Er informiert seine Mitarbeiter rechtzeitig und umfassend, vereinbart Ziele und Leistungsstandards und kontrolliert den Arbeitsfortschritt und die Ergebnisse. Er sucht ständig nach Möglichkeiten, die Aufgaben besser zu erledigen und die Arbeitsabläufe zu straffen. Er geht dabei auch neue Wege.

Herr Kallweit arbeitet konstruktiv mit anderen zusammen, verhält sich kollegial und hat ein gutes Verhältnis zu seinen Kunden, Mitarbeitern und Kollegen. Das Verhalten gegenüber seinem Vorgesetzten ist stets korrekt.

Heute verlässt Herr Kallweit unser Unternehmen auf eigenen Wunsch, was wir sehr bedauern. Wir danken ihm für seine engagierte Mitarbeit und wünschen ihm für seinen Berufsweg alles Gute und weiterhin viel Erfolg.

Ort/Datum

Unterschrift

Leiter Wertpapiergeschäft

Zeugnis

Herr Jens Bender, geboren am 5. Februar 1973, ist seit 1. April 1999 als Leiter der Abteilung „Wertpapiergeschäft, Passivgeschäft und Servicebereich" bei uns beschäftigt.

Seine Aufgaben sind im Wesentlichen:

- Personalverantwortung für vier Mitarbeiter
- Planung und Organisation des Geschäftsablaufs im kundenbezogenen Bereich
- Privatkundenbetreuung und Beratung im Leistungsbereich Wertpapiergeschäft/Passivgeschäft und damit verbundenen Produkten und Angeboten

Für diese Aufgabe sind gute Kenntnisse im Wertpapiergeschäft, Führungsqualitäten, Initiative und unternehmerisches Denken erforderlich.

Herr Bender ist ein kompetenter Bankkaufmann. Er nutzt interne und externe Weiterbildungsangebote. Er hat unter anderem Seminare besucht zu den Themen Kundenberatung und Investmentgeschäft. Er besitzt gute EDV- (MS-Office) und Internet-Kenntnisse. Seine englischen Sprachkenntnisse sind akzeptabel.

Herr Bender hat eine gute Auffassungsgabe und erkennt schnell, worauf es ankommt. Er teilt seine Zeit ökonomisch ein und macht das Wichtigste zuerst. Er kann sich mündlich und schriftlich klar ausdrücken.

Auf Veränderungen reagiert Herr Bender flexibel, er passt sich schnell an und findet sich in der neuen Situation gut zurecht. Er kann sich schnell auf Kunden unterschiedlicher Herkunft und

Bildung einstellen und findet den richtigen Ton. Er hat gute Umgangsformen und ein sicheres Auftreten. Er arbeitet kooperativ mit anderen zusammen und verfolgt beharrlich seine Ziele.

Herr Bender unterstützt seine Mitarbeiter bei ihren Aufgaben und setzt sich für ihre berufliche Weiterbildung ein.

Zu Kunden, Mitarbeitern und Kollegen hat Herr Bender ein gutes Verhältnis. Er arbeitet konstruktiv mit ihnen zusammen. Das Verhalten gegenüber seinem Vorgesetzten ist stets korrekt.

Mit dem heutigen Tag verlässt Herr Bender unsere Bank auf eigenen Wunsch. Wir danken ihm für seine Mitarbeit und wünschen ihm für seine berufliche Zukunft alles Gute.

Ort/Datum

Unterschrift

Leiterin Auftragsabwicklung

Zeugnis

Frau Julia Breit, geboren am 2. Mai 1967, ist seit dem 1. Oktober 1999 als Leiterin der Auftragsabwicklung bei uns beschäftigt.

Ihre Aufgaben/Verantwortung:

- Personalverantwortung für vier Mitarbeiter
- Auftragsabwicklung
- Rechnungserstellung
- Kundenkontakte Russland
- Einkaufsabwicklung Deutschland

Für diese Tätigkeit sind neben Führungsqualitäten sehr gute Russischkenntnisse in Wort und Schrift notwendig.

Frau Breit ist eine engagierte Mitarbeiterin, begeisterungsfähig, offen und vertrauenswürdig. Sie hat eine optimistische Grundhaltung, ist realistisch und Veränderungen gegenüber aufgeschlossen. Sie hat ein ausgezeichnetes Fachwissen, das sie gut umsetzen kann. Sie hat sich ständig weitergebildet und Seminare zu den Themen Außenhandel, Rechnungswesen und Personalführung besucht.

Sie hat gute Ideen, besitzt Organisationstalent, kann sich klar ausdrücken und argumentiert überzeugend.

Sie ergreift die Initiative, arbeitet effizient und kundenorientiert, verfolgt ihre Ziele mit Ausdauer und erzielt gute Ergebnisse. Sie hat unter anderem die Auftragsabwicklung neu organisiert, die Arbeitsabläufe optimiert und die Kommunikation und Zusammenarbeit mit unserem Moskauer Büro erheblich verbessert. Ihr Russisch ist exzellent, außerdem besitzt sie sehr gute englische Sprachkenntnisse.

Frau Breit besitzt Einfühlungsvermögen und hat stets ein offenes Ohr für ihre Mitarbeiter. Sie unterstützt sie bei ihrer Arbeit und bezieht sie in ihre Entscheidungen ein. Durch ihre positiven Beziehungen trägt sie wesentlich zur guten Arbeitsatmosphäre bei. Sie ist als Vorgesetzte anerkannt. Sie kommt gut mit Mitarbeitern und Kollegen zurecht. Kunden schätzen die angenehme Zusammenarbeit mit ihr. Zu ihrem Vorgesetzten besteht ein Vertrauensverhältnis.

Heute scheidet Frau Breit auf eigenen Wunsch bei uns aus. Wir bedauern, dass sie uns verlässt, danken ihr für ihre Mitarbeit und wünschen ihr für ihre Zukunft alles Gute. Wir können diese zuverlässige und tüchtige Mitarbeiterin weiterempfehlen.

Ort/Datum

Unterschrift

Verkaufsbereichsleiter

Zeugnis

Herr Jürgen Potente, geboren am 30. Dezember 1966, ist seit dem 1. April 1998 in unserem Unternehmen beschäftigt. Nach Einarbeitung im Innen- und Außendienst ist er als Verkaufsbereichsleiter für die Länder USA, Südamerika und Südafrika tätig.

Aufgaben/Verantwortung:

- Personalverantwortung für zehn Mitarbeiter
- Strategie-, Umsatz- und Absatzpläne (Budget)
- Absatzkalkulation
- Angebote erstellen
- Kundenbetreuung und Akquisition in internationalen Märkten: USA, Südamerika, Südafrika
- Kunden- und Messebesuche
- Vertragsverhandlungen
- Umsatz- und Ertragsverantwortung im Verkaufsgebiet
- Leitung des Versands
- Sortimentsplanung in Zusammenarbeit mit den Abteilungen Produktion, Forschung und Entwicklung und Qualitätssicherung

Für diese Aufgabe sind neben Führungseigenschaften Verkaufserfahrung im Innen- und Außendienst (Export) sowie sehr gute spanische und englische Sprachkenntnisse erforderlich.

Herr Potente ist fachlich kompetent und besitzt gute verkäuferische Fähigkeiten. Er nutzt interne und externe Weiterbildungsangebote und hat Seminare besucht zu den Themen:

- Führung durch Zielvereinbarung (MbO)
- Arbeitsrecht für Führungskräfte
- Strategisches Handeln im Verkauf

Er hat gute EDV-Kenntnisse (MS-Office). Er spricht fließend spanisch und englisch.

Herr Potente hat eine gute Auffassungsgabe und erkennt schnell, worauf es ankommt. Er kann treffend formulieren und überzeugend argumentieren. Er ist geschickt bei Verhandlungen und erzielt gute Erfolge.

Herr Potente reagiert flexibel auf Veränderungen, passt sich schnell an und findet sich in neuen Situationen gut zurecht. Er ist diszipliniert und hat seine Gefühle unter Kontrolle. Er kann sich in die Lage anderer versetzen und versteht ihre Beweggründe. Er sieht Fehler als Lernerfahrung und Chance an, um besser zu werden. Er hat ein gutes Einfühlungsvermögen und weiß, was Kunden wollen. Er ist eigenständig, überlegt und sicher im Urteil.

Herr Potente hat ein sicheres Auftreten und gute Umgangsformen. Er findet leicht Kontakt, ist offen in seiner Kommunikation und arbeitet kooperativ mit anderen zusammen. Er ist belastbar und bewältigt hohen Arbeitsanfall. Er behält auch unter Zeitdruck einen klaren Kopf. Er arbeitet selbstständig, verfolgt mit großer Ausdauer seine Ziele und erzielt gute Ergebnisse. Kundenwünsche haben bei ihm Vorrang. Es ist ihm gelungen, die Umsätze und Erlöse deutlich zu steigern, allein im letzten Jahr um 12 Prozent. Er hat es geschafft, in Südamerika neue Märkte zu erschließen, Kunden zu gewinnen und neue Produkte zu positionieren.

Herr Potente hat eine glückliche Hand bei der Auswahl seiner Mitarbeiter und kümmert sich darum, dass sie richtig eingearbeitet und integriert werden. Er delegiert Aufgaben und Verantwortung, hat Vertrauen in die Fähigkeiten seiner Mitarbeiter und gibt ihnen Freiräume für eigene Entscheidungen. Er unterstützt sie bei ihren Aufgaben und sorgt dafür, dass sein Team an einem Strang zieht. Er vermittelt ihnen das Gefühl, dass ihre Arbeit wichtig ist. Er informiert seine Mitarbeiter rechtzeitig, vereinbart realistische Ziele und kontrolliert ergebnisorientiert. Er hat guten Kontakt zu seinen Mitarbeitern. Das Arbeitsklima ist entspannt. Die Mitarbeiter vertrauen ihm und umgekehrt.

Kollegen und Geschäftsfreunde arbeiten gerne mit ihm zusammen. Vorgesetzte schätzen seine Bereitschaft zur Zusammenarbeit. Sein Verhalten ist immer einwandfrei.

Herr Potente verlässt das Unternehmen mit dem heutigen Tag auf eigenen Wunsch, um sich beruflich weiterzuentwickeln. Wir danken ihm für seine engagierte Mitarbeit und wünschen ihm für die Zukunft alles Gute und weiterhin viel Erfolg.

Ort/Datum

Unterschrift

Brand Manager

Zeugnis

Frau Angela Krempel, geboren am 2. November 1972, ist seit 1. April 2001 als Brand Manager Direktmarketing bei uns beschäftigt.

Aufgaben/Verantwortung:

- Personalverantwortung für zwei Mitarbeiterinnen
- Kundenpflege und Kundenneugewinnung
- Kundenbindungsprogramme konzipieren und umsetzen
- Umschlags- und Serviceseiten der Versandkataloge entwerfen
- Kundenverträge mit Sonderkonditionen verhandeln und abschließen
- Analysen über die Mitbewerber
- Steuerung der Werbeagentur
- Koordination der Vertriebskanäle Markt, Katalog und Online-Shop

Für diese Aufgabe sind Erfahrungen im Direktmarketing, sehr gute englische Sprachkenntnisse, kommunikative und kreative Fähigkeiten sowie Führungseigenschaften erforderlich.

Frau Krempel ist fachlich qualifiziert. Sie beherrscht den PC (MS-Office) und spricht fließend englisch. Sie hat eine schnelle Auffassungsgabe und ein gutes Einfühlungsvermögen. Sie findet leicht Kontakt, ist offen in ihrer Kommunikation und kooperativ. Sie arbeitet sorgfältig und gewissenhaft. Sie hat alles getan, um die Rücklaufquote bei der Direktwerbung zu erhöhen und neue Kunden zu gewinnen.

Frau Krempel hat ein gutes Verhältnis zu den Kunden, ihrem Vorgesetzten, den Kollegen und ihren Mitarbeiterinnen.

Mit dem heutigen Tag endet das Arbeitsverhältnis aus betriebsbedingten Gründen (Wegfall des Arbeitsplatzes). Wir wünschen ihr für die Zukunft alles Gute.

Ort/Datum

Unterschrift

Gewerbe-Kundenberaterin

Zeugnis

Frau Melanie Sturz, geboren am 2. September 1971, ist seit 1. April 1998 als Gewerbe-Kundenberaterin bei uns beschäftigt.

Ihre Aufgaben sind im Wesentlichen:

- Betreuung, Risikobeurteilung und Ausbau der Geschäftsverbindungen zu den Gewerbekunden
- Neukunden-Akquisition
- Verkauf aller Bankdienstleistungen an Gewerbekunden
- Selbstständige Bearbeitung von Kreditanträgen
- Entwicklung von Verkaufsideen

Sie hat weitgehende Kreditbewilligungskompetenzen.

Für diese Aufgabe ist Empathie, Verkaufstalent, selbstständiges, eigenverantwortliches und kundenorientiertes Arbeiten und Abschlusssicherheit erforderlich.

Frau Sturz ist fachlich versiert, besitzt langjährige Berufserfahrung und kann ihr Wissen gut umsetzen. Sie hat sich beruflich weitergebildet und ist auf der Höhe der Zeit. Sie hat Seminare besucht zu den Themen „Verhandlungstechnik" und „Effektive Verkaufsgespräche".

Sie hat gute Ideen, entwickelt Verkaufskonzepte und setzt sie in die Praxis um. Sie erfasst schnell den Kern einer Sache, schätzt diese realistisch ein und kommt zu einem sicheren Urteil.

Frau Sturz verhandelt sehr geschickt. Sie kann einen Sachverhalt präzise darstellen und anschaulich vermitteln. Sie besitzt gute verkäuferische Fähigkeiten. Mit ihrem Einfühlungsvermögen weiß sie schnell, was Kunden wollen. Sie hat eine positive Ausstrahlung, gute Umgangsformen und kann Kunden für sich einnehmen. Sie ist offen und kommunikativ. Sie hat eine erfrischende Art, mit Kunden zu sprechen.

Frau Sturz arbeitet selbstständig, verfolgt ihre Ziele mit großer Ausdauer und erzielt sehr gute Ergebnisse. Sie hat im letzten Jahr neue Kunden gewonnen und den Umsatz erheblich gesteigert. Sie handelt unternehmerisch und wägt das Risiko ab.

Zu ihren Kunden hat sie enge Kontakte. Die Kollegen arbeiten gerne mit ihr zusammen. Ihr Verhalten gegenüber ihrem Vorgesetzten ist stets korrekt.

Heute verlässt Frau Sturz unser Unternehmen auf eigenen Wunsch. Wir bedauern das sehr, danken ihr für die konstruktive Mitarbeit und wünschen ihr für ihren weiteren Berufsweg viel Erfolg.

Ort/Datum

Unterschrift

Vertriebssachbearbeiter

Zeugnis

Herr Wilhelm Schrader, geboren am 20. September 1959, ist am 1. April 2000 als Vertriebssachbearbeiter in unser Unternehmen eingetreten.

Aufgaben/Verantwortung:

- Kaufmännische Projektbetreuung
- Prüfung von Angebotskalkulationen und Angeboten
- Erstellen von Datenreports für die Muttergesellschaft und Partnerunternehmen (in Englisch)
- Kundenbetreuung einschließlich Korrespondenz

Herr Schröder ist fachlich kompetent und löst mit seinem Können auch schwierige Aufgaben und Probleme. Er besitzt gute EDV-Kenntnisse (MS-Office), sein Englisch ist sehr gut in Wort und Schrift.

Er plant und organisiert seine Arbeit systematisch. Er hat eine gute Auffassungsgabe und erkennt schnell, worauf es ankommt. Er bereitet Präsentationen professionell vor. Seine Gedanken kann er klar und anschaulich darstellen. Bei Verhandlungen ist er sehr geschickt, wahrt immer die Interessen des Unternehmens und erzielt sehr gute Erfolge.

Herr Schrader hat eine positive Einstellung zu seiner Arbeit, ist Veränderungen gegenüber aufgeschlossen und kann sich schnell auf neue Situationen einstellen. Er hat ein sicheres Gespür für die Reaktion der Kunden. Er ist besonnen und abwägend im Urteil und besitzt Augenmaß.

Herr Schrader ist offen und kommunikativ. Er geht auf Menschen zu, arbeitet konstruktiv mit anderen zusammen und trägt Konflikte fair aus. Er arbeitet selbstständig, schnell, effizient, sorgfältig und erzielt sehr gute Ergebnisse. Er arbeitet auch unter Termindruck überlegt und sicher. Er hat immer seine Termine eingehalten, die Ziele erreicht und Sonderaufgaben pünktlich erledigt. Er hat bei bestimmten Anlässen den Bereichsleiter vertreten, wie bei der Präsentation eines neuen Reportingsystems für den Konzernteil XY in England oder beim internen Marketing-Workshop.

Herr Schrader arbeitet äußerst zuverlässig und übernimmt bereitwillig Verantwortung. Er setzt alles daran, die Wünsche und Erwartungen unserer Kunden zu erfüllen. Er hat das Potenzial, Führungsaufgaben zu übernehmen.

Kollegen und Geschäftsfreunde arbeiten gerne mit ihm zusammen. Vorgesetzte schätzen seine Bereitschaft zur Zusammenarbeit. Sein Verhalten ist immer einwandfrei.

Herr Schrader verlässt heute das Unternehmen aus betriebsbedingten Gründen wegen Schließung des Standortes. Wir bedauern, dass es zu dieser Entwicklung gekommen ist, danken Herrn Schrader für seine engagierte Mitarbeit und wünschen ihm für seinen Berufsweg alles Gute und weiterhin viel Erfolg.

Ort/Datum

Unterschrift

Literaturhinweise

Gerhard Adrian/Ingolf Albert/Eckhard Riedel: Die Mitarbeiterbeurteilung, Stuttgart 2001

Ulrike Brommer: Schlüsselqualifikationen, Stuttgart 2000

Peter Drucker: Die ideale Führungskraft, München 1995

Peter Drucker: Management im 21. Jahrhundert, München 2002

Mark Edwards/Ann Ewen: 360°-Beurteilung, München 2001

Walter Engländer (Hrsg.): Leistungsbeurteilung und Zielvereinbarung, Köln 2002

Norbert Franck: Klartext schreiben, Regensburg 2001

Gerd Gigerenzer: Bauchentscheidungen, München 2007

Peter Häusermann: Arbeitszeugnisse – wahr, klar und fair, Zürich 1999

Wolfgang Hromadka: Arbeitsrecht für Vorgesetzte, München 2007

Günther Huber: Das Arbeitszeugnis in Recht und Praxis, Freiburg 2002

Monika Huesmann: Arbeitszeugnisse aus personalpolitischer Perspektive: Gestaltung, Einsatz und Wahrnehmungen, Wiesbaden 2008

Heinz Knebel: Taschenbuch Personalbeurteilung, Heidelberg 2001

Thorsten Knobbe/Mario Leis/Karsten Umnuß: Arbeitszeugnisse für Führungskräfte qualifiziert gestalten und bewerten, Planegg 2003

Friedhelm Knorr: Personalbeurteilung in der öffentlichen Verwaltung und Nonprofit-Organisationen, Wiesbaden 2000

Karl-Heinz List: 30 Minuten für qualifizierte Einstellungsinterviews (Audio-Book), Offenbach 2009

Karl-Heinz List: Personalentscheidungen - Warum das Bauchgefühl ein guter Ratgeber sein kann, München 2008

Karl-Heinz List: Arbeitszeugnisse für Pflegepersonal: Leistung ergebnisorientiert formulieren, Hannover 2006

Karl-Heinz List: Outplacement, Nürnberg 2003

Fredmund Malik: Führen, Leisten, Leben, München 2002

Andrea Nasemann: Arbeitszeugnisse, Niedernhausen 2001

Ulrich Püschel: Wie schreibt man gutes Deutsch?, Mannheim 2000

Ludwig Reiners: Stilkunst, München 2004

Heinz Ryborz: Schnellkurs Führung, Regensburg 2001

Gunter Schaub: Arbeitsrechtshandbuch, München 2002

Hein Schleßmann: Das Arbeitszeugnis, Heidelberg 2002

Georg Schulz: Alles über Arbeitszeugnisse, München 2001

Friedemann Schulz von Thun/Johannes Ruppel/Roswitha Stratmann: Miteinander Reden: Kommunikationpsychologie für Führungskräfte, Reinbek 2001

Walter Spies: Dienstliche Beurteilung und Beförderung, Regensburg 2000

Ute Tesche-Bährle: Arbeitszeugnis, Frankfurt 2001

Heinz-Wilhelm Vogel: Geheimcode Arbeitszeugnis, Regensburg 2002

Anulf Weuster/Brigitte Scheer: Arbeitszeugnisse in Textbausteinen, Stuttgart 2002

Ernst Zander/Heinz Knebel: Praxis der Leistungsbeurteilung, Heidelberg 2001

Über den Autor

Karl-Heinz List hat viele Jahre als Personalleiter gearbeitet (Maizena, Olympus, Liebelt) und sich Mitte der 90er Jahre selbstständig gemacht.

Als Personal- und Outplacementberater hat er im Auftrag von Unternehmen Führungskräfte gesucht. Ausscheidende Mitarbeiter hat er bei der beruflichen Neuorientierung unterstützt und ihnen bei der Stellensuche geholfen.

Er hat Bücher geschrieben über Themen, die er aus eigener Erfahrung kennt: Bewerbung, Personalauswahl, Beurteilung, Outplacement, Arbeitszeugnisse.

Karl-Heinz List arbeitet jetzt als freier Autor und Seminarleiter (Arbeitszeugnisse, Einstellungsinterviews): *www.karlheinzlist-autor.de.*

Weitere Bücher von Karl-Heinz List im
BW Bildung und Wissen Verlag:

▸ Einfach gut formulieren. Kurz, klar und korrekt schreiben – für Chefs und Personaler
ISBN 978-3-8214-7666-7

▸ Haargenau! Das Mitarbeiter-1x1 für Friseure
ISBN 978-3-8214-7668-1

▸ Klasse steuern! Das Mitarbeiter-1x1 für Steuerberater
ISBN 978-3-8214-7678-0

▸ Bewerbungskonzepte für Führungskräfte. Effektive Stellensuche – Wirkungsvolle Selbstpräsentation
ISBN 978-3-8214-7628-5

Inhalt der CD-ROM

Alle Texte im Rich-Text-Format (rtf) können mit jedem Textverarbeitungsprogramm geöffnet und bearbeitet werden. Von jeder Datei – mit Ausnahme der Musterzeugnisse und der Formulierungshilfen – gibt es zusätzlich eine Version für den Acrobat Reader.

Übung Gegensatzpaare (S. 48)	gegenstz.rtf gegenstz.pdf
Übung Zeugnisse umformulieren (S. 51)	umform.rtf umform.pdf
Selbstbeurteilungsbogen (S. 57)	selbstbe.rtf selbstbe.pdf
Checkliste Beurteilungsgespräch (S. 61)	beurteil.rtf beurteil.pdf
Beurteilungsbogen Arbeitszeugnis (S. 63)	az_fach.rtf az_fach.pdf
Beurteilungsbogen Ausbildungszeugnis (S. 68)	az_ausb.rtf az_ausb.pdf
Formulierungshilfen Fach- und Führungskräfte weiblich (S. 93)	formhlf1.rtf
Formulierungshilfen Fach- und Führungskräfte männlich	formhlf2.rtf
Formulierungshilfen Auszubildende weiblich (S. 105)	formhlf3.rtf
Formulierungshilfen Auszubildende männlich	formhlf4.rtf
Muster einfaches Zeugnis (S. 116)	einfzeug.rtf
Musterzeugnisse (S. 133)	muster.rtf
Leseprobe „Einfach gut formulieren"	LP-formulieren.pdf
Leseprobe „Einfach gut organisieren"	LP-organisieren.pdf
Leseprobe „Klasse steuern"	LP-steuern.pdf

Die Übersicht über das Arbeitsrecht/ Arbeitsschutzrecht

gibt einen gut verständlichen und kompakten Überblick über das Arbeitsvertragsrecht, das kollektive Arbeitsrecht, den sozialen, technischen und medizinischen Arbeitsschutz sowie über die Arbeitsgerichtsbarkeit.

Dargestellt werden die Inhalte von Experten aus dem Bundesministerium für Arbeit und Soziales, der Bundesanstalt für Arbeitsschutz und Arbeitsmedizin, der Wissenschaft sowie den Arbeitsgerichten.

Ein detailliertes Stichwortverzeichnis ermöglicht eine zielgenaue Suche. Die beiliegende CD-ROM enthält den gesamten Inhalt des Buches und die aktuelle Broschüre „Soziale Sicherung im Überblick" des Bundesministeriums für Arbeit und Soziales. Summaries liefern englische Inhaltsangaben zu jedem Kapitel.

Bundesministerium für Arbeit und
Soziales, BW Bildung und Wissen
Verlag und Software GmbH (Hrsg.)
Übersicht über das Arbeitsrecht/
Arbeitsschutzrecht
Ausgabe 2009
840 Seiten + CD-ROM
ISBN: 978-3-8214-7282-9
€ 36,00

**Der Band erscheint jährlich
in aktualisierter Fassung**

www.bwverlag.de

Weniger ist oft mehr!

Dass dies auch fürs Schreiben gilt, vor allem fürs Schreiben im Beruf, zeigt Karl-Heinz List in diesem Ratgeber. Kritisch und humorvoll betrachtet er die sogenannte gehobene Sprache aus den Chefetagen und Personalabteilungen.

Er verrät, wie man mit einfachen Mitteln, die jeder lernen kann, umständliche Texte in verständliche Informationen verwandelt. Das gilt für Abmahnungen genauso wie für Stellenanzeigen, Geschäftsberichte oder Arbeitszeugnisse.

Formulierungsübungen und Mustertexte machen das Ganze zu einem praktischen Arbeitsbuch.

Alle Arbeitshilfen sind auch auf der beiliegenden CD-ROM gespeichert und können so direkt in der betrieblichen Praxis angewendet werden.

Karl-Heinz List
Einfach gut formulieren
Kurz, klar und korrekt schreiben
- für Chefs und Personaler
185 Seiten + CD-ROM
ISBN: 978-3-8214-7666-7, € 19,80

Besuchen Sie uns im Internet
www.bwverlag.de
- Bookshop, Leseproben, E-Cards -

BW Bildung und Wissen Verlag, Nürnberg

Telefon: 09 11/96 76-175 / E-Mail: serviceteam@bwverlag.de